国家出版基金项目
NATIONAL PUBLICATION FOUNDATION

中国卷

世界灌溉工程遗产研究丛书

谭徐明　总主编

古代乡村水利的典范

颜元亮　著

槎滩陂

长江出版社
CHANGJIANG PRESS

总序

在世界广袤的大地上，分布着丰富且类型多样的人类文明，古代灌溉工程就是其中之一。直到今天，还有相当数量的古代灌溉工程在持续地为人们提供着生活、灌溉和生态供水服务。现存的古代灌溉工程历经长久考验，没有成为西风残照的废墟，也没有成为书籍中刻板的回忆，而是以与自然融为一体的形态存在，并成为兼具工程价值、科学价值和文化价值的人类文明奇迹。

2014 年，国际灌溉排水委员会（ICID）开始在世界范围内评选收录灌溉工程遗产，旨在挖掘、保护、利用和宣传具有历史意义的灌溉工程所蕴含的自然哲理、科学思想、文化价值和实用价值。从2014 年至 2020 年，经由中国国家灌排委员会推荐和国际评委会评审，我国有安徽的芍陂、四川的都江堰等二十处具有历史意义的灌溉工程入选世界灌溉工程遗产名录。由此，古老而丰富的中国灌溉工程遗产向世界又开启了一个了解和认识中国文明史的新窗口，让更多的人走进中国悠久而辉煌的水利史，探索这些工程中蕴藏的人与自然和谐相处的理念和古代贤人因势利导的治水智慧和方略。

粮食充裕则天下稳定，人民安居乐业，而灌溉工程正是在洪涝干旱灾害频发的自然环境下保障粮食丰收的关键所在。中国是灌溉文明古国，历朝历代从一国之君到州县官员无不重农桑兴水利，并确立了从中央到民间权、责、利相互结合的灌溉管理制度。农耕文明下的这些灌溉工程及其管理制度和道德约束，为水利发展注入了民族精神，并在历史的长河中衍生出独特的文化和记忆，使得现存的古代灌溉工程在这一独特的文化滋养下世代相传、经久不衰。每一处灌溉工程遗产都是人与自然和谐相处和可持续发展活生生的实证。

中国 5000 年的农耕文明史中，因水资源禀赋和自然环境差异而建造出类型丰富、数量众多的灌溉工程。留存下来的古代灌溉工程得以延续至今，往往缘于这一灌溉工程在规划、选址、选型、建设和管理上的可持续性，随着科技和社会的发展，其功能和效益仍在扩展中。如安徽寿县的芍陂，是我国历史最悠久的大型陂塘蓄水灌溉工程，它始建于战国时期最强盛的楚国，历经 2600 多年后，至今仍灌溉着 67 万亩农田，并成为今天淠史杭灌区的反调节水库。再如有 2270 多年历史的四川都江堰，是世界上年代最久远、仍在发挥作用的无坝引水灌溉工程。留存至今的古代灌溉工程堪称人与自然和谐相处的典范，是可持续发展的活样板。

抛弃历史的前进，终究是无本之木，善于继承方能更好创新发展。在我们拥有先进科学技术的当代，从灌溉工程遗产中汲取经过历史检验的科学理念、智慧和经验，把现代科学技术与经过历史检验的思想和理念相结合，有助于更好地设计和建造人水和谐与可持续发展的灌溉工程。灌溉工程遗产也是重要的文化传承，在灌区现代化建设的过程中应该同时加强对灌溉工程遗产和灌溉文明的保护，让中华大地上美轮美奂的古代灌溉工程和丰富多彩的灌溉文化依然充满生命力，让历史文化在流水潺潺的水渠、在生机勃勃的田野得到永恒延续发展，为我国灌溉文化的生命传承和建设现代化生态灌区注入不竭的动力。

中国水利水电科学研究院原总工程师
2011—2014 年国际灌溉排水委员会第 22 届主席

2023 年 8 月于北京玉渊潭

槎滩陂

自序

泰和县位于江西省中部，赣江中上游。境内河流众多，水资源丰富，但是由于水资源的时空分配不均匀，历史上水旱灾害经常发生。为了同水旱灾害作斗争，历代泰和人民修建了大量水利工程，槎滩陂是其中杰出代表。

槎滩陂，也称查滩陂、茶滩陂，或简称茶陂、槎陂。创筑人周矩（公元895—976年），字必至，号云峰，泰和南岗周氏始祖，五代后唐天成二年（公元927年）进士，官至西台监察御史。约在南唐升元元年（公元937年），周矩创筑槎滩陂，工程历时七年，于南唐升元七年（公元943年）完工。根据当地的自然条件，初筑时的槎滩陂采用了土、竹、木等材料为主的结构，其灌溉面积估计一万到二万亩。后经历代演变，逐渐成为石陂。到明代，灌溉面积扩大到三万多亩，一直到民国时期。新中国成立后，经过多次改、扩建，灌溉面积扩大到五万多亩，最高时达到六万多亩。

槎滩陂在坝址选址、渠系布置、建筑结构和建筑材料等方面，都体现了相当的科学性，所以能够历经千年而不衰，至今仍在发挥效益。千余年来，槎滩陂水利系统历经多次维修，不仅改善了当地的农业生产条件，也改善了当地居民的生态环境，促进了当地的土地开发和人文繁衍，成为当地社会赖以发展的重要基础，同时也留下了丰富的历史文献资料。

作为古代造福一方、延续千年的水利工程，槎滩陂不仅在工程方面反映了水利技术的演变和进步，在水利工程的管理方面也很有特色。以五彩文约为代表的管理方法，延续了相当长的一段历史时期，创造了南方陂塘水利管理的新模式。陂长制的诞生，开创了现代河长制的先河。千百年来，槎滩陂的汩汩清水，还造就了以槎滩陂灌区为中心的泰和的水利社会和水利文化，使它具有深厚的历史文化价值、文物价值和旅游价值，值得深入挖掘研究。

川流卑下，原田失灌溉之资。渠水迂回，畎亩有丰穰之望。历代以来槎滩陂的成功延续和使用，不仅是泰和的水利成就，也是江西古代水利的成就，是我国南方古代陂塘水利的一个缩影。槎滩陂于2016年11月8日，在泰国清迈召开的第二届世界灌溉论坛暨国际灌溉排水委员会67届国际执行理事会上，被授牌列入世界灌溉工程遗产名录。

为了弘扬世界灌溉工程遗产的积极意义，国际灌溉排水委员会(ICID)和中国水利史研究会决定编写"世界灌溉工程遗产丛书"，槎滩陂为本丛书的一卷。历经一年多的努力，终于完稿付梓。

笔者在撰写本书过程中，曾经到泰和县槎滩陂进行实地考察和调研，得到槎滩陂水利管理委员会的大力支持，肖龙主任、匡付主任亲自驾车陪同，到各村进行走访，联系知情人，获得了很多第一手资料。同时得到当地周氏族人、李氏族人、肖氏族人、蒋氏族人的支持，提供族谱资料。

在此，特向他们致以衷心感谢！

颜元亮

2023年1月

目　录

第一章　概　述

　　泰和县位于江西省中部，赣江中上游，东南毗兴国，南邻万安、遂川，西连井冈山、永新，北与东北接吉安。东西长约 105 千米，南北宽约 57 千米。泰和历史悠久，其名称始于隋开皇十一年（公元 591 年），以地产嘉禾，为和气所生，始名泰和。全境地貌多样，有山地、丘陵、平原等多种地形，气候温暖湿润，境内土质肥沃，自然资源丰富，适宜于农、林、牧、副、渔多种经济发展。而且山川秀丽，景色宜人，历史文化底蕴深厚，教育发达，文化名人辈出。

　　泰和境内河流众多，水资源丰富，但由于水资源的时空分布不均衡，水旱灾害经常发生，形成了发达的古代水利工程，槎滩陂是其中最杰出的代表。槎滩陂位于泰和县禾市镇桥丰村委会槎山村畔，历史上又名查滩陂，或简称槎陂。是江西省目前在用灌溉效益最大的古代水利工程，历经一千多年。槎滩陂横遏牛吼江水（也称潇水、早禾江），主渠道流长 30 余里，于螺溪镇郭瓦村委会三派村江口汇入赣江一级支流禾水。整个流域区域涉及今泰和县螺溪镇、禾市镇、石山乡和吉安县永阳镇四个乡镇，目前灌溉村庄约 200 个，灌溉面积 5 万多亩，其中禾市、螺溪两镇为主要灌溉区。为更好了解槎滩陂的历史文化，了解槎滩陂作为历史水利工程的发展、演变和它的社会属性、工程属性以及文化属性，有必要对泰和县的自然、人文和历史情况进行简要介绍。

第一节　泰和自然地理状况

水利工程的兴建与当地的自然地理情况有很大关系，尤其在古代，当人们的生产力水平还比较低的时候，地形地貌、气候、土壤植被、河流水系以及水资源状况等是决定水利工程能否兴建以及兴建后效益如何的关键因素。泰和的自然地理状况非常有利于水利工程的兴建。

一、地形地貌

泰和县位于江西省中部偏南，吉安市的西南部，地处罗霄山脉和武夷山脉之间。地理坐标为北纬26° 27′ ~ 26° 59′，东经114° 57′ ~ 115° 20′。东西长 105 千米，南北间隔 57 千米，全县总面积 2660.15 平方千米。泰和县地处赣中南吉泰盆地腹地，居赣江中游，境内地貌多样，以山地、丘陵为主，山地面积占16%，丘陵面积占54%，河谷平原面积占30%，基本上体现了"六山一水二分田"的特色。吉泰平原（泰和境内部分）为泰和最大的平原。

泰和县以赣江河谷地为基准，四向延伸，逐级高起，形成东南部和西部高起，中间递降，呈东北—西南向的盆地地貌。总的地势东、西两侧高，中部低。东南部山峰林立，有三个山峰高度达 1000 米以上，水槎乡的十八排主峰，海拔 1176 米，为泰和全县最高点。西部山峰都小于 800 米。中部海拔多在 200 米以下。最低点为万合镇昌北洲地，海拔 45 米。赣江自南向北纵贯县境中部，构成地势开阔的河谷平原，将全县划分为河东、河西两大块。

总的地形轮廓支配着县境内赣江支流的流向和格局。源于东部山地的仁善河、仙槎河和云亭河，均由东南流向西北注入赣江；源于西部山地的牛吼江以及蜀水，均由西南流向东北注入赣江，形成反映总地势倾斜的似羽状水系。这种总的地形轮廓也给水利灌溉创造了较为理想的条件。在东部和西部，往往可以利用山高谷深、水源丰沛的山地，拦截支流上游修筑水库，然后沿自然坡度挖渠，对旱季需水、缺水的中部进行自流灌溉。

境内水系遍布，赣江历史悠久，源远流长，汇水面积大，长期以来侵蚀与堆积交替，沿江一带形成了宽阔的河谷平原，其中包括高低阶地、高低河漫滩、江心洲等多种地貌类型。赣江支流源于山地，流经丘陵，因而上游山高、坡陡、谷窄，下游则丘低、坡缓、谷宽。河谷平原或冲积谷地地表平坦，水源丰富，土质肥沃，早已成为本县水稻和经济作物最重要而集中的种植地区。但到雨季，赣江及其支流水位上涨，经常淹没谷地两侧的部分土地，对农业生产是个不利条件。

二、气候

泰和县地处中亚热带南部，属中亚热带湿润季风区。光、热、水资源比较丰沛，但在实际分配上具有季节性的差异和不协调，往往造成前涝后旱及低温灾害。境内气候差异较大，由于地势自中部赣江河谷平原向东西两侧逐渐增高，使得光热资源有逐渐减少而降水逐渐增加之趋势，造成明显地区差异。

根据 2012 年出版的《泰和县志 1989—2008》，20 年平均日照为 1574.90 小时，20 年平均气温平均 19℃，极端最高气温为 2003

年 8 月 2 日，达到 41.50℃，极端最低气温为 1991 年 12 月 29 日，为零下 6℃。7 月最热，月平均气温 29.70℃，1 月最冷，月平均气温 6.50℃。初霜日平均出现在 12 月 11 日，终霜日平均出现在 2 月 7 日，20 年平均无霜期 305 天。20 年平均降水量 1457.90 毫米。光能充足，四季分明，热量丰富，雨量丰沛。具有雨热同季、无霜期长等气候特点。丰富的水热资源，对发展生产是十分有利的。除少数边缘山区外，光、热、水可满足一年三熟需要，四季宜农宜牧。

泰和春季（3—5 月）气候温和，阴雨连绵，北方冷空气势力逐渐减弱，气温逐渐回升。夏季（6—8 月）初夏多雨，盛夏高温日强，炎热少雨。秋季（9—11 月）秋高气爽，降水稀少。处暑过后，气温仍高，俗称"十八秋老虎"。冬季（9—11 月）气温低，天气冷，雨量少霜雪多。

对于泰和一年四季的风霜雨雪，节气变化，古人有如下描写：

> 泰邑，小卯出耕，寒飙渐退，方秋而获，溽暑乍收。迅电疾雷，洒四月之梅雨；连阴积雾，润秋中之豆花。花木偶发于小春，沆瀣迟结乎霜降。十月雨，百虫藏蛰。八月麦，群雁来宾。雪熟应丰年之兆，天笑知淫雨之来。冰不壮于严寒，风尝凉于盛暑。盖星土实系斗野，气候稍同中州云。[1]

形象地描绘了泰和一带气候温和、雨水丰沛、春种秋实、适宜农业耕种的景象。

---

[1] 光绪五年《泰和县志》卷一《舆地考·形胜气候附》。

三、土壤和植被

泰和境内土壤有黄壤、红壤、紫色土、潮土、水稻土5个土类、10个亚类。

水稻土广泛分布于全县各种地貌单元内,尤以赣江两侧、河谷平原和丘陵沟谷地区最为集中,是本县最主要的耕种土壤,又可分为四个亚类:淹育型水稻土、潴育型水稻土、潜育型水稻土和漂洗型水稻土。

红壤是境内分布广泛、面积最大的一类地带性土壤。从低山直至高阶地均有分布。又分为红壤、红壤性土两个亚类,红壤分布在海拔400米以上及200～300米的低山高丘区,是分布面积广大的典型土壤类型,植被覆盖良好,为境内用材林和油茶林的重要基地。

紫色土广泛分布在盆地内缘中低丘陵上,土壤呈紫色或紫棕色,一般土层较薄,质地较黏重,抗旱涝能力差。

潮土是在河流冲积物上进行旱耕利用的一类土壤,主要分布于赣江及其主要支流沿岸的河漫滩和低阶地。

黄壤主要分布于县境东南部海拔700～1100米和西部海拔650～800米的低中山区。

土壤分布随地势的高度变化呈垂直分布特征。其中大面积红壤为境内典型地带性土壤,并以此作为山地黄壤的基带土壤。由于某些特殊的岩性差异,在成土过程中占据主导地位,丘陵区有大面积发育年幼的紫色土和红壤性土存在。在人为长期植稻耕种活动影响下,形成了境内主要的农耕性土壤——水稻土。河谷冲积平原还有半水成土——潮土(旱地)。土显现层状分布,反映了山丘地区土壤地域性分布的特点。从赣江河谷低阶地到东南山地，随地势逐级上升，土壤大体依次为潮土或平原水稻土（河谷低平原）—红壤、红壤性土、紫色土及相应的沟谷水稻土（低、中丘）—山地红壤及相应的沟谷水稻土（中、高丘陵及低山）—山地黄壤。

泰和县地处中亚热带，在中国植被区划上属于我国东部湿润森林区亚热带常绿阔叶林带。境内主要植被类型有常绿阔叶林、亚热带针叶林、亚热带针阔混交林和亚热带竹林等。自然环境复杂，水热条件充沛，在地质、地形、土壤、生物等因素的综合作用下，植物生长获得了极为有利的条件，反映到植被上是植物区系成分复杂，植被类型多。泰和县成为江西省植物资源较多的县份之一。据不完全统计，境内已知有高等植物 2500 多种。古蕨类植物、古裸子植物、原始的被子植物的直接后裔均有分布。植物区系无论从历史发展上和区域分布上都相当复杂。其中以亚热带地区本地发生的亚热带区系为主，也有不少是从热带延伸进来的热带区系，还有极少部分是由暖温带延伸进来的温带区系。复杂的区系成分决定了本县植被类型的丰富多彩。从盆地到高丘陵、中山地都有不同的植物种类分布，其区系成分组成也都迥然各异，这就是本县植物区系与植被类型的主要特色。

四、河流水系

泰和县位于赣江流域中部，水道纵横交错，境内河流全长 347千米，河网密度 0.13 千米 / 平方千米，水资源丰富。

境内主要河流有赣江，自南向北纵贯本县中部，把全县分成河东、河西两大部分，西岸有一级支流蜀水、禾水以及武山沟、洪（圹）沟等、二级支流牛吼江，三级支流六七河、六八河；东岸支流则有一级云亭河、仙槎河，二级仁善河等（图1-1）。

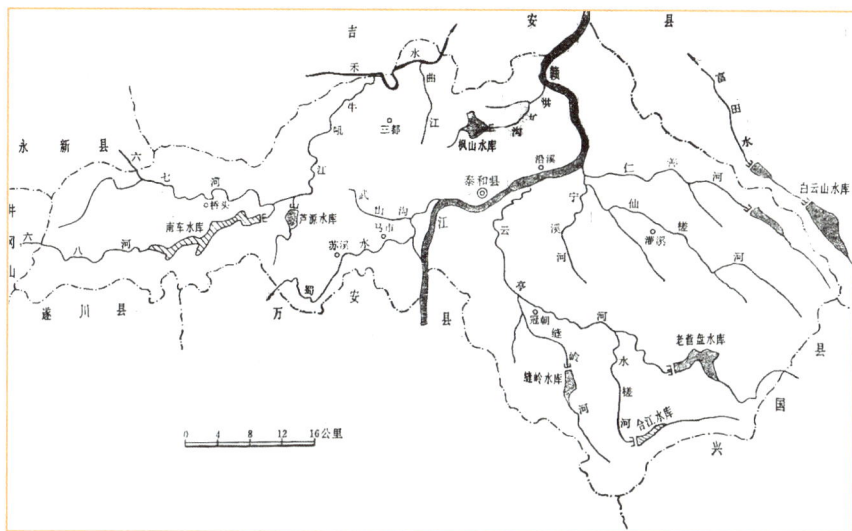

图1-1　泰和县水系图

赣江是境内最大的过境河流和主要水运航道。自马市镇上浩村南300米处入境，由南向北，蜿蜒穿过县境中部的马市、塘洲、澄江、沿溪、万合五镇，至万合镇昌家村北出境。境内流程45千米，流域面积1947.40平方千米，河宽600～800米，正常水深2～8米，枯水期0.80～3米，天然落差10.70米，流速0.30～0.60米/秒，多年平均流量1114立方米每秒，多年平均过境客水量为377.25亿立方米，两岸河谷阶地2～4千米，境内海拔高度55～56米。是本县粮食、甘蔗等经济作物的主要产区。

蜀水别称梅乌江。由左、右江在遂川县东北隅的双桥汇合而成。左江为主流，发源于遂川、井冈山与湖南炎陵交界的井山茨坪镇荆竹山。流经遂川县、万安县境，在苏溪镇梅陂上首4千米处入泰和境，经苏溪、马市两镇，至马市镇蜀口村入赣江。境内流程约37.50千米，流域面积293平方千米，河宽30～90米，水深0.40～1.50米，比降边4.60‰，天然落差23米，流速0.30～0.50米／秒，多年平均流量36.50立方米每秒。

澧水又称牛吼江。源于井冈山市上井，经罗浮至碧溪镇牛牧村、陈家潭村西300米处入境，流经碧溪、桥头、禾市、螺溪四镇，至螺溪镇王家坊汇入禾水。全程统称澧水。碧溪河段，古属69都，俗称六九河；碧溪镇黄潭村至桥头镇湛口村河段，古属68都，俗称六八河（在湛口村旁，有六七河注）；湛口以下至王家坊河段，因槎滩陂落差大，水流急，声如牛吼，俗称牛吼江。境内流程83千米，流域面积348平方千米，上游河宽5～15米，中游河宽20～40米，下游河宽60～80米，水深0.50～3米，比降2.74‰，天然落差147米，流速0.30～0.80米／秒，多年平均流量26.80立方米每秒，流程呈叶状。主要支流六七河（又称津洞水），境内流程30.20千米，流域面积221平方千米。

牛吼江，为赣江二级支流，禾水一级支流。流域地形属山区，多灌木丛，水土保持较好。农业以水稻种植为主，经济作物有油料、茶叶、花生、竹笋等，林业资源丰富，蕴藏有煤、铁、石灰石和石英等矿产资源。河道蜿蜒曲折，穿行崇山峻岭之间。流域呈叶状，上游多峡谷，河陡，河床多砾石、粗沙，中游河床多粗沙，下游六八河与六七河在泰和湛口合流，进入禾市镇后，地形开阔形成河谷平原，一年四季可通小型木船。

珠林江又称云亭水。源于兴国县崇贤乡佛子山，自老营盘镇老营盘村入境，由东向西，经老营盘、上圯、沙村、冠朝、塘洲五乡（镇），自塘洲镇金滩村下500米处注入赣江。老营盘至沙村段，原名缯水，其中各河段又以所处乡村地名而称老营盘河、上圯河、回龙河、沙村河；沙村至冠朝段，习称云亭河；塘洲境段习称珠林江。境内流程80千米，流域面积715平方千米，河宽26～150米，水深0.40～1.30米，比降1.40‰，天然落差692米，流速0.40～0.80米/秒，多年平均流量17.20立方米每秒。主要支流有东沔河、缝岭河。

仙槎河又称仙槎水。源于中龙乡石陂东坑小溪（俗称十八都河）和小龙乡瑶岭山溪（俗称十七都河），在中龙黄沙洲汇合，经小龙、中龙、灌溪、万合四乡（镇），在万合镇江背村注入赣江，流域区多属古仙槎辖区而得名。境内流程54.40千米，流域面积569平方千米，河宽10～90米，水深0.60～1.50米，比降2.96‰，天然落差353米，流速0.60～0.90米/秒，多年平均流量13.10立方米每秒。主要支流有仁善河。

禾水系赣江吉安境内最大的一级支流，全长256千米。境内流程20千米，在螺溪镇王家村入境，于石山乡涂家棚下出境，流域面积183.40平方千米，正常水位河宽50～250米，水深2米，比降0.59‰，天然落差6米，流速0.40米/秒，多年平均流量136.80立方米每秒。河床平缓，水源丰富，可供灌溉、航运和发电。

古代，对于泰和的水系，也有很多描述。比较准确的，如光绪《泰和县志》记载之河流情况：

> 泰和之水，以赣河为经，邑蜀诸水为纬。
>
> 县之大川为赣水。赣水者，合章、贡二水之名也，由万安东南流六十里，经县西之神童洲。里人曾戬中宋庆元童子科杨万里，因以神童名之。又十里至县西蜀口洲，有蜀水注之。

有牛吼滩，其地最险。蜀水发源龙泉拔铁山，合湘洲、恒洲二水，过滩子头。东南流经万安县界梅陂上横。又东北流，过本县白土街。又东，过马家洲西，受武溪之水。武溪者，源自武山出也。又东，过牛吼滩，汇于赣水。

又南流，至罗团洲，其地坦旷，宜麻、宜粟、宜薯，有萧家滩，又东流十里，经怀仁渡，其旁有龙洲，有甄算洲，其下又有长牌洲，有高沤潭，有陶湖，有白渡溪，有秀溪，有文溪。又东，过县西矶头塘，澄江水注之。澄江者，赣水支流，经城南，绕城东，所谓龙洲过县前也。又以水清澈，故名澄江。又西，受清溪水，合而注之。

江又东，过金鱼洲，又大汇洲、小汇洲。又东，过珠林江口，有云亭水注之。其下为狗脑滩。云亭江水，一名缯水，源出十九都兴国县界，过上圯、芒东坳、沙村至墈边南，受阆川洞水。阆川水源出兴国县，西流至合江口，合西平山发源之东绵洞水入之。又西北流，过冠朝，至龙溪。又南，受缝岭水。缝岭洞水，源出万安界，又有洪溪水，及各溪港水合流入焉。又西北，经大水之石牛潭，会于珠林，达于赣江。又东北流，东过沿溪，溪水注之。又东南流，东过梁家潭。又东北，过减饭岭，仙槎水注之，其下有天井圳。仙槎江源出十八都五峰山，合小窑岭，及诸坑水，西北流，出百记，经古平，灌溪寺下，南受金华山下诸港水，过大蓬，有仁善水入焉。仁善江源出一都洞，西北流出洞口，经书院坑，固陂墟至汤头坪，入仙槎水。又南，受大蓬江，又经清水洲，以达于赣水。

又东十里为淘金洲，又东流十里为花石潭，又东流十里，县东铁溪水注之，又东南流二十里，为长牌，有老河水注之，又东北流二十里，为神岗山，有禾水，澄水注之，禾水在县西北，源出永新浆坑，至江口，受永新金鸡石水、沽溪水，流为牛田水，入县津洞冶陂，过湛口，合澄水。

澄水源出永新罗浮，经拿山洲尾，名官北水，入县界高行，源钟鼓潭，横水洲，至湛口，与禾水合，流为槎滩陂，经早禾市，过大平洲，会永新水，历神岗山下入赣江，北下于螺川，过文水，出巴圻，由省城汇彭蠡达于大江，入于海。[①]

五、水文和水资源

（一）降水

降水分配。泰和县年降水量 1348 ～ 1575 毫米。年平均降水日为 157 天，降水年变率为 77%。日最大降水量，为 1980 年 5 月 4 日，达 191.90 毫米。降水的年际变化比较稳定，最大年降水量为最小年降水量的 1.9 ～ 2.2 倍，变差系数为 0.2 左右。

由于地势气候条件的不同，雨量分布也略有不同，从平原到丘陵、山区有逐步增加的趋势。东、西部山地多于中部平原，并由山地向平原逐渐递减。由于受亚热带湿润季风气候影响，降水的年内分配不均匀。汛期（4—6 月）的降雨集中，雨量较多，三个月的降水总量集中了全年降水量的 45% 左右，是夏汛洪涝主要成因。7—9 月伏秋季节，雨量显著减少，仅占年降水量的 20% 左右。此时又是农作物的主要灌溉期，往往造成干旱。

各月、季、年降水不均。多年统计，年均降水量为 1370.50 毫米。总的年降水分配是前期（3—6 月）多，后期（7 月以后）偏少。

---

① 光绪五年《泰和县志》卷一《舆地考·山水》。

但年际间的变化却较小，在 1937—1988 年的 52 年中，年均降水量 1001～1599 毫米的有 37 年，1600 毫米以上的有 1937 年、1949 年、1951 年、1953 年、1961 年、1975 年、1980 年、1981 年、1982 年、1983 年等共 10 年，最大降水量为 2002 年，达 2319.90 毫米。年均降水量不足 1000 毫米的有 1945 年、1958 年、1963 年、1978 年、1986 年等共 5 年，其中最小降水量为 1986 年，仅 822.90 毫米。

降水特点。每年 4—6 月，太平洋暖气流北上，与西伯利亚南下的冷空气流相遇于本区，往往产生大面积降雨或暴雨，称为"锋面雨"，占年降水量的 46%～48%。当每年第一次台风登陆后，"锋面雨"停止，本区受台风天气控制，7—9 月降雨称"台风雨"，占年降水量的 22%。泰和县降雨量特征值表见表 1-1。

表 1-1　　　　　　　　　泰和县降雨量特征值表

雨量站		杨陂山	泰和	沙村	老营盘
所在地		灉水上游山区	赣江河谷阶地	珠林江中游丘陵	珠林江上游丘陵
资料年限		1961—1978	1937—1978	1957—1978	1963—1978
多年平均降水量（毫米）	全年	1575.2	1347.9	1421.1	1530.9
	4—6 月	754.8	619.4	607.2	690.9
	7—9 月	353.3	290.2	316.5	359.7
最大降水量（毫米）	出现年份	1970	1970	1977	1970
	全年	2080.6	1724.7	2019.0	2189.9
	4—6 月	837.8	724.4	940.1	944.3
	7—9 月	545.1	397.3	529.7	559.4
最小降水量（毫米）	出现年份	1978	1945	1963	1963
	全年	1092.9	914.2	915.6	989.4
	4—6 月	524.9	511.7	321.0	474.1
	7—9 月	213.3	72.4	168.9	201.3

注：老营盘 1963—1978 年资料中，有的年月降雨量缺测，用补插而得，其余各站均为实测资料统计。

（二）水文

历史上赣江干流较大洪峰出现在 1915 年，当年棉津水文站最大洪峰流量达 2.10 万立方米／秒，赣江最大水位变幅为上、中游河段 10～15 米，下河段 8～10 米。

据县水位站 1964—1988 年观测值，在 25 年中水位超过警戒线（县境赣江警戒水位为 60 米）有 21 个年份，其中 60～62.99 米有 19 个年份，63 米以上年份有 1964、1968 年两个年份。最高水位达 63.95 米，出现在 1964 年 6 月 17 日。最低水位仅为 58.17 米，出现在 1971 年 5 月 21 日。

据泰和水位站 1989—2008 年观测值，赣江干流最大洪峰出现在 2002 年 10 月 31 日，最高水位达 63.37 米；最低水位 52.65 米，出现在 2008 年 12 月 4 日，为有记录以来最低值；实测水位变幅达 10.72 米。县境赣江警戒水位 1989—1993 年为 60 米，1994 年起调整为 60.50 米。20 年中，赣江水位超过警戒线有 17 个年份，其中 60～62.99 米有 16 个年份，63 米以上年份有 1992 年和 2002 年两个年份。最高水位出现在 5—6 月的有 11 个年份；出现在 7、8 月的各有 2 个年份；出现在 9、10 月的各有 1 个年份；出现在 3 月份的有 3 个年份。

（三）水资源

泰和县河川径流均为降水补给，地表水资源比较丰富。不仅单位面积产水量大，多年平均径流深达 850 毫米。而且，过境客水量更大，约为县境内产水量的 17 倍。从开发利用条件看，赣江干流过境客水量最大，多年平均径流量达 333.64 亿立方米，除航运和水产外，工农业用水均要通过机电提水，目前利用不多，而每年均有数万亩农田受赣江洪涝威胁，危害较大。禾水过境客水量虽达 33.67 亿立方米，但仅通过石山乡，对本县工农业用水价值不大。

蜀水、牛吼江、云亭河过境客水量共为 13.62 亿立方米，源于山区，蓄水、引水条件又较优越，而且流经主农业区，是泰和县可以充分有效利用的地表水资源。县境内产水量 22.44 亿立方米，除山区可以有效利用外，在丘平区由于很快形成地表径流汇入赣江，利用价值也低。因此，各中、小河流过境客水量 13.62 亿立方米和县境内山区部分产水量 8.22 亿立方米共 21.84 亿立方米，构成了泰和县可以充分有效利用的地表水资源。仅以县境内产水量 22.44 亿立方米，按人口计，全县人均占有地表水资源 5545 立方米，高于长江流域人均 2976 立方米，全国人均 2780 立方米。按耕地面积计，全县亩均占有地表水资源 2939 立方米。

地下水资源，根据江西省水文地质大队采用断面法、比拟法、径流模数法，通过计算得出泰和县境内地下水径流量为 6.42 亿立方米，其中浅层地下水 4.70 亿立米，深层地下水 1.70 亿立方米，可开采利用的地下水 0.60 亿立米。平原河谷阶地地下水埋深 3～5 米，水量比较丰富，丘陵岗地水量很少，地下水埋深大于 7 米，开采较难。

第二节　泰和人文历史状况

泰和历史上的人口通过移民，呈逐渐增加趋势，政区也不断变化。文化教育比较繁荣，书院荟萃，有利于水文化的形成和传播。

一、行政区划、人口

（一）政区

根据泰和县志的记载，泰和县的行政区划自宋至元末实行坊、乡、里、巷的设置，但是具体数字已无考。"坊、乡、里、巷立名，自宋淳熙始。明初坊改为厢，乡分为都，都复为图，图即里之谓也。泰和城内有东、西厢，城外则六乡七十都。"明初，坊改为厢，乡分为都，都再分为图即里，全县共分为8个大都，70个小都。嘉靖时取消大都制，改实行小都制。清朝沿用明制。清光绪五年《泰和县志》记载，泰和县城分为东、西厢，城乡则分为6乡70都（图1-2）。6乡分别是千秋乡、仙搓乡、仁善乡、云亭乡、高行乡、信实乡，其中槎滩陂所灌溉的信实乡管7都，具体为第49-55都，高行乡也管7都，具体为第64-70都。

图1-2　泰和县境全图

民国初沿袭清制的区划。到 1926 年，泰和县将原来的 6 乡改分为 6 区、1 镇（西昌镇）、26 乡。其中信实乡属第五区，高行乡属第六区。1930 年，国民政府实行编组保甲，甲以上设联保，联保以上设区属，泰和县划分为 8 个区，沿用明代的 8 个大都设区。根据新区制，原来为第五、六两区的信实、高行两乡被划为第五、六、八三区。至 1936 年，国民政府撤销联保，县以下设区、乡（镇）保、甲，将 8 个区改为原来的 6 个区，信实、高行两乡重为第五、六两区。1940 年，全县取消区级设置，分为 1 镇 26 乡，原来为第五、六两区的高行、信实两乡区域改为石山、甘竹、螺溪、南冈、高德、高功、高言等七乡，直至解放。

新中国成立以后，行政区划屡经变更，2008 年，全县辖 16 个镇、6 个乡、2 个场，设 297 个村委会。截至 2019 年，泰和县辖 23 个乡镇场、279 个行政村和 30 个社区居委会。

（二）人口

南宋淳熙（公元 1174—1189 年）年间，6.90 万多户，人口 13 万多，嘉泰年间（公元 1201—1204 年），人口达到 15 万，户 7 万有余。明代成化十八年（公元 1482 年），11.30 万多人，弘治五年（公元 1492 年），11.50 万多人。清代以缴纳赋税的丁口为统计数量，康熙五十五年（公元 1716 年），原额完赋丁口 45915 人，道光六年（公元 1826 年），人丁 46414。民国五年（公元 1916 年），人口达到 23.10 万多，至 1938 年，又只有 18.80 万多人。

新中国成立后，1954 年，总人口 23 万多，1964 年 25 万多，1982 年，总人口达到 41.30 万多。2019 年末，泰和县总人口为 60.14 万人，其中城镇人口 216942，农村人口 384529。

（三）禾市镇和螺溪镇自然状况

根据 2012 年县志资料，槎滩陂灌区所在的禾市和螺溪两镇农业及人口等经济情况如下：

禾市镇，位于县境西部北侧，澌水两岸，北和西北与吉安县永阳、指阳接壤。土地总面积 135.05 平方千米。境内西、南为海拔 300 米以上高丘地带，西北、东南为低中丘地，东北部为河床平原。镇政府驻早禾市，距县城 26 千米。2008 年，辖 18 个村委会、1 个居委会、181 个村小组，有 7342 户、22903 人。耕地 36900 亩，其中水田 35730 亩。林地 16.94 万亩，森林覆盖率 45.90%。澌水自西部潞滩村入境，至东部沙里村入螺溪境，有中型水库、小（一）型水库各 1 座，小（二）型水库 3 座。芦源水库、槎滩陂灌渠分布全境，有效灌溉 41895 亩，经济以农业为主，盛产稻谷、大豆、油菜等。

螺溪镇，位于县境西北部，北与吉安县永阳相连。土地总面积 80.70 平方千米。地势由东南向西北倾斜，东南边缘有少数丘陵，其余为平原。1999 年 9 月撤乡设镇。镇政府驻三都村詹家坊，距县城 19 千米。2008 年，辖 18 个村委会、1 个居委会、249 个村小组，有 10148 户、33350 人。耕地 45810 亩，其中水田 44520 亩。林地 12.25 万亩，森林覆盖率 35%。交通便利，井冈山机场坐落境内西部与禾市镇接合部，泰井高速公路自东向西横贯全境，319 国道、三（都）石（山）公路在境内纵横相交。澌水（又称牛吼江）从西部流入，北经王家村与禾水汇合，过郭瓦村三派入石山乡境。经济以农业为主，主要作物有水稻、油菜、花生、甘蔗、芝麻等。

二、历史沿革

据历史记载，江西省泰和县，地产嘉禾，乃和气所生故名泰和。

泰和历史悠久，几经沧桑。据光绪《泰和县志》卷一《舆地考》记载，"泰和县古为扬州南境，周为吴地，后属越，复并于楚"[①]。秦始皇统一中国，实行郡县制，泰和属九江郡庐陵县。西汉为庐陵县地，属扬州，豫章郡。东汉末升庐陵为郡，汉献帝兴平元年（公元194年），始立西昌县，县治在今县城西门文溪一带，置属庐陵郡。东吴、晋、宋、齐、梁、陈，皆因之。

隋文帝开皇十年（公元590年）并西昌、东昌、遂兴、永新四县为安丰县（县治无考）。次年，安丰县改名为泰和县，隶属吉州。隋炀帝于大业三年（公元607年）将吉州改为庐陵郡，泰和属之。并于大业八年（公元612年），因安丰县治，非津要地而徙西昌故城。

唐代沿袭隋制，以州（郡）辖县制，但其隶属关系屡经更易。武德五年（公元622年），改庐陵郡为吉州，并分出泰和、永新、广兴、东昌四县，隶属南平州。武德八年（公元625年），废南平州，撤永新、广兴、东昌三县，并入泰和，且将泰和之"泰"字改为"太"，隶属吉州。贞观元年（公元627年）因西昌故城被毁，县治则移于安丰故城。天宝元年（公元742年），将吉州改为庐陵郡。乾元元年（公元758年），又改庐陵郡为吉州，泰和皆属之，到贞元三年（公元787年），县治徙于白下驿之西（即今县城），从此，县治始定，延续至今。

---

① 光绪五年《泰和县志》卷一《舆地考·沿革》。

宋代，泰和属吉州。元代实行行省制，于元贞元年（公元1295年），升太和县为太和州，隶属江西行省吉安路。明代洪武二年（公元1369年）改州为县，同时泰和之"太"字改为"泰"，隶属江西布政司吉安府，清代沿用明制而因之。

辛亥革命后，民初改府为道，泰和属庐陵道，1926年改道设省，泰和属江西省。1929年开始，泰和为中国共产党领导的红色苏区。1934年10月，红军北上抗日，中共中央转移，泰和又沦为蒋介石国民党反动统治地区，至1949年7月解放。

三、历史文化

泰和有悠久的文化历史，文化积淀深厚，北宋人文蔚起，明为鼎盛时期。泰和的历史文化有以下特点。

（一）文人辈出

据有关记载，泰和"文风盛于江右"[1]，"人喜儒学，居多士，君子碟讼疏简，征输期调颇先"[2]。

由于重视儒学文化，读书之风盛行，所以泰和籍文人辈出。有文学家、诗人、文坛名流、著名学者等。如：杨士奇，泰和县澄江镇北门杨家人，明永乐左春坊大学士，进少傅、少师，文学家，著有《东里全集》《三朝圣录》《奏议录》等；陈循，澄江镇城东巷人，明永乐状元，进华盖殿大学士，文学家，著《芳洲集》《东行百咏集句》等；萧镃，马市镇南坑村人，明宣德进士，户部尚书，进太子少师、文渊阁大学士，文学家，著《尚约居士集》；尹直，沙村乡尹家村人，明景泰进士，兵部尚书入阁；刘崧，塘洲镇横

---

① 雍正《江西通志》卷二十六《风俗》。
② 乾隆《泰和县志》卷四《舆地志·风俗》。

塘村人，明初进士，吏部尚书，著名诗人，著《翁诗文集》；王直，澄江镇达尊坊人，明永乐进士，吏部尚书，文学家，著《抑庵集》；曾鹤龄，澄江镇西门曾家人，明永乐状元，侍讲学士，翰林修撰，文学家，著《松盟集》；梁潜，澄江镇西门濠头村人，阴永乐翰林修撰，《永乐大典》总裁，著《泊庵集》；曾彦，沙村乡南坑村人，明代状元，等等皆宋、明时期政界、文坛名流。

（二）书院荟萃

泰和人历来重视教育。泰和县在唐朝时已有学校，后唐长兴年间（公元930—933年），端明殿学士泰和人罗韬（字洞晦，公元886—969年）回到家乡后，来到风景秀丽的匡山（在泰和县城东南80里）居住，潜心于学，遂建书院于匡山之下（今泰和县苑前乡书院村是其故址）。长兴三年（公元932年），后唐明宗皇帝赐其"匡山书院"，以育贤才，并对罗韬办学育人给予高度评价。匡山书院历久不衰，据光绪《泰和县志》记载，书院"历宋而元，四百年无羔"。

泰和县地属庐陵文化区，历来文风鼎盛。同治《泰和县志》卷二《舆地志·风俗》记载："西昌之俗，喜诗书而尊儒雅，不独世业之家，延师教子，虽闾阎之陋，山谷之穷绝，序塾相望，弦诵声相闻。"

泰和县自宋代起就拥有完善而正规的学校体制，包括州学、县学、乡学、村学，另外还有石网、萃和等全省闻名的书院。

宋朝以后，有志可查的书院有：龙洲书院，又名鹭洲书院，宋嘉定年间赵泳暮建；清节书院，北宋肖楚讲学于其中；元朝至正年间肖继文建书院、立祠祀，欧阳元有碑记，明宰相杨士奇跋；南薰书院，现灌溪乡寺下村，宋代肖行叔建，宰相信国公文天祥题额；柳溪书院，现县粮食局门口，宋嘉定年间邑人陈德卿建；云律书院，宋嘉定年间邑人刘逢原建；文溪书院，现县城西文溪村，宋邑人曾有凭建。泰和县是程朱理学的文化中心之一，泰和人罗钦顺就是作为先贤供奉在孔庙中（配享孔庙），王阳明常年在吉安（庐陵）白鹭洲书院讲学。

这些书院中，龙洲书院、清节书院和南薰书院最为突出。以南薰书院为例，它位于泰和东三十里的灌溪乡寺下村，为宋时教育家肖行叔创建，著名爱国将领文天祥题额。明代时，肖安恒重修，吏部尚书、国子祭酒、豫章诗人刘崧为此写了匾，太子监国梁潜记曰："士往来桃源者益众，时东园刘先生子彦，以博学笃行馆授焉。其兄尚书公之老而归也，亦时时过之，东园公为名其斋曰：南薰书院，尚书公大书以揭其额。于时，桃源石台之间，盖煜然有光耀焉。自是教于书院者，相继必贤士。其子弟尝受业者，曰：德景、德嘉、德贯、德资，今皆杰然伟出。……而子弟之益众，讲学之益盛，谈道德而诵诗书者，未有过于今之时也。"[①]写出了南薰书院在明代的教育盛况。

元明以后，随着历史的发展、文化的传播，泰和开办的书院有如雨后春笋，规模也越来越大。仅列入县志的书院就有：元代博山书院，现上田乡严家村；明代的萃和书院，现实验小学内；石网书院、静斋书院、清风书院、武山义塾、澄江书院，以及清代萃升书院、华阳书院、云亭书院、千秋书院、槎江书院、翔和书院等。

（三）科举昌盛

窥一斑可见全豹，古之泰和有着良好的学习传统，文化教育

---

① （明）梁潜撰：《泊菴集》卷四。

事业比较发达，这许许多多的书院，扩大了文化知识的传播，为泰和教育史留下了光辉的一页。使得泰和人才辈出，名士荟萃。开科取士以来共产生状元 3 名、榜眼 4 名、探花 4 名、进士 399 名，仅在明代，泰和县的进士就超过百人，泰和县历史上产生了一批政治家、科学家和将军等杰出人士。

据清代邑人祝世禄奏疏云：“江西之泰和，虽一弹丸黑邑，而其人文甲于天下，在昭代若阁臣，则有杨士奇、陈循、肖镃、尹直四人，若尚书，则有刘崧、王直、罗钦顺、欧阳德等九人，若侍郎，则有曾鲁、肖璁欧阳铎等十二人，抢大魁者三人，列翰苑者四十余人，名臣辈出，事功彪炳，国事多籍其用。”[①] 至今，“一门三进士，隔河两宰相”仍为邑人广泛传颂。

四、风物风俗

泰和历史悠久，古称咽喉荆广，唇齿淮浙，山川风物，清翠佳丽，物华天宝，人杰地灵，号为“神仙窟宅”“富饶之乡”。

（一）景观名胜

泰和古称西昌，自古山川秀丽奇特，风景名胜和古迹众多。古人形容说：

> 泰和踞郡上游，城于古西昌地，控水陆之冲，道交广者由之，行商来往，通货南北，山川风物，清粹佳丽。咽喉荆广，唇齿淮浙。江山映带，在眉宇间。

> 泰和古南平州，地势西北高而东南低，大江北汇，流为四溪，而入于江。前挹澄江，后引科岭，金鱼插其左，龙洲

---

① （清）祝世禄：《留垣疏草》。

翼其右，此西昌山川之胜。章贡山水阻隘，至泰和豁然平衍，渊潭澄渟，岗陇秀婉，特异他邑。[①]

名胜古迹除著名的槎滩陂外，还有西昌八景：

①天柱留云：坐落在塘洲乡，状如天柱形象。

②澄江映月：在县城之南，因澄江清澈而得名（图1-3）。

③高城遗雉：塘洲乡高城村白城口遗址。

④快阁盟鸥：坐落在泰和中学校园东南隅，登阁远眺，无不称快（图1-4）。

图1-3 西昌八景：澄江映月

图1-4 今日快阁

---

① 光绪五年《泰和县志》卷一《舆地考·形胜》。

⑤仙岩迭翠：武山全景，有武婆岗等十八景，以及钓台风门等奇岩怪石。

⑥塔颖双飞：有古塔二，一在县城东门外十里的龙头山上，南临赣江，一在县城西门外，宋代建。

⑦仙槎古渡：坐落在樟塘乡，自古为仙槎乡通往泰和的主要渡口（图1–5）。

⑧丰乐寿樟：有唐代古樟，枝繁叶茂，名为寿樟。

另有不少名胜古迹。有西周时的府山城遗址，战国时的金山岭遗址；有四朝元老、一代名臣杨士奇墓，明代阁臣、兵部尚书尹直墓；有宋朝建的"望仙桥"横跨澄江河上，"飞锡桥"横跨六七河上等。

图1–5　西昌八景：仙槎古渡

（二）宗族祠堂

泰和乡村具有典型的现代宗族社会形态，其突出特征是"无村无祠"。宗族活动具有深厚的群众基础，几乎所有传统节日与婚丧活动，都融入了浓郁的宗族色彩。同治《泰和县志》卷二《舆地·风俗》记载："或群聚族氏之祠，虽繁而冠婚之仪……于礼者尚多也，兹非有司者之责舆……""婚礼……纳征亲迎庙见拜堂……""祭礼在正月朔日，则祀天地祖先，清明日七月十五日，十一月冬至，拜墓祭祠，十二月二十三日，则祀灶，虽各有所取，而仪礼节未尽，合宗祠盛……"当代农村宗族祠堂最基本的功能，是在文化层面上体现宗族整体的存在，而这一点，主要通过在祠堂中举行婚、丧典礼等活动来实现的。近二十年来，宗族活动重新活跃，各村都积极重修宗祠、修复族谱（图 1-6）。

图 1-6　禾市镇蒋氏宗祠

第三节　泰和的古代水利工程和历史水旱灾害

泰和的农业以水稻种植为主，需水量较大，水旱灾害也比较多。对水利工程建设有迫切要求，历史上，通过兴建大量的陂塘等小型水利工程来满足灌溉和防洪抗旱的需要。

一、古代水利工程概况

在我国有"为官一任，造福一方"的箴言。凡有惠政者，莫不与兴办水利、赈济灾荒等有关，所以历代官员都重视水利建设，泰和亦不例外。光绪《泰和县志》的叙例对泰和县古代水利工程状况有如下描述："泰和偏邑，农桑所赖者陂塘，堤则唐、王二公，渠则仅一阜济，而六闸之迹，今不可考。"泰和古代农田水利以陂塘为主，另外大的工程有唐公堤、王公堤和阜济渠，历史上曾

经有六闸，至清代已经湮没。

（一）陂塘

陂塘是泰和最主要的水利工程。槎滩陂的创建，在当地起到了一个开风气之先的作用。槎滩陂是当地最早的大型引水灌溉工程，槎滩陂创建后的效益明显，改变了当地靠天吃饭的传统思想，破除了传统迷信的束缚。从一些传说中可以看出，槎滩陂创建之前，遇到干旱之年，当地人只能烧香拜佛，扛菩萨做法事，求老天爷保护。年年如此，无济于事。槎滩陂的创建，使人们认识到，可以依靠修建水利工程改变农业生产条件，从而改变靠天吃饭的状况。这种观念上的改变，在古代是非常重要的，使人们认识到修建水利工程的重要性，也因此带动了泰和陂塘水利的兴建。

宋代及以后，泰和的陂塘小型水利工程有了很大的发展，比较大的工程有宋代修建的梅陂，它的效益也非常可观。到了明清时期，陂塘建设更是达到高潮。据民国二十八年《泰和县志》辑录明弘治本的《泰和县志》（以下称《弘治志》），永乐年间（公元1403—1424年），全县有水陂308座。据乾隆《泰和县志》中《舆地志·陂塘》记载，各乡都有大小不同的陂塘水利工程。

仁善乡：双陂、累陂、龙陂，三陂共一水，自洞源发源，灌田九十三顷。另有小庙前等陂二十有四，曾灌等塘七十有三。

仙槎乡：官中路陂、寅陂、柳陂、堵陂、三板陂、水口陂、真陂，七陂共堰仙槎江水，灌田十五顷八十亩。又据《江西通志》记载，仙槎乡有二十八陂，五十五塘。

云亭乡：回龙陂、城陂、洪陂、绵陂、清潭陂、冠朝陂、荡陂七陂皆堰云亭江水，灌田一百余顷。另据《江西通志》记载，云亭乡上郢陂、下郢陂等陂四十有八，塘六十有五。

千秋乡：枫树陂、废丰陂、常丰陂、土桥陂、木流陂、松阳陂、汪陂、罗陂、信丰陂。以上九陂，发源不一，共灌田二十二顷。另据《江西通志》，千秋乡巫庙坛等陂五十有七，李木等塘二百一十有四。

信实乡：孔陂、双江古陂、拿陂、晓陂等六陂灌田一百三十顷六十四亩。另据《江西通志》，信实乡槎滩等陂三十有一，路边等塘三十有三。

高行乡：羊陂、槎滩陂、碉石陂、流陂四陂属高行乡，共一水，自罗浮洞发源共灌田四百三十八顷。

从表1-2中可以看出，明清时期，泰和的陂塘小型水利工程相当发达，对改善农业生产条件、发展当地经济起到了很大的促进作用。

表1-2　　　　　　　　明清时期泰和县陂塘分布

区域	陂名称	效益	备注
仁善乡	双陂、累陂、龙陂	三陂灌田九十三顷	《弘治志》
	仁善乡小庙前等陂二十有四，曾灌等塘七十有三		《江西通志》
仙槎乡	官中路陂、寅陂、柳陂、堵陂、三板陂、水口陂、真陂，以上七陂共堰仙槎江水	七陂共灌田十五顷八十亩	《弘治志》
	仙槎乡社陈等陂二十有八，上中义等塘五十有五		乾隆《泰和县志》引《江西通志》
云亭乡	回龙陂、城陂、洪陂、绵陂、清潭陂、冠朝陂、荡陂，以上七陂皆堰云亭江水为之	灌田一百余顷	《弘治志》

续表

区域	陂名称	效益	备注
云亭乡	石鼓陂、源陂、枫树陂、东路陂、陈老水陂、寺上陂、东湖陂，以上七陂在云亭乡共一水	灌田一百二顷一十八亩	《弘治志》
	尹土陂		《弘治志》
	云亭乡上下郛等陂四十有八		乾隆《泰和县志》引《江西通志》
千秋乡	枫树陂、废丰陂、常丰陂、土桥陂、木流陂、松阳陂、汪陂、罗陂、信丰陂，	九陂共灌田二十二顷	《弘治志》
	千秋乡巫庙坛等陂，五十有七，李木等塘二百一十有四		乾隆《泰和县志》引《江西通志》
信实乡	孔陂、双江古陂、拿陂晓陂、陂古陂等六陂，皆在信实乡，共一水	灌田一百三十顷六十四亩	《弘治志》
	信实乡槎滩等陂三十有一，路边等塘三十有三		乾隆《泰和县志》引《江西通志》
高行乡	羊陂槎滩陂碉石陂流陂，以上四陂属高行乡，共一水，自罗浮洞发源	共灌田四百三十八顷一十五亩	《弘治志》
	高行乡乱石、官陂等一十有二，长塘、峡迳等塘一十有三		乾隆《泰和县志》引《江西通志》

（二）堤防、渠道和水闸

破塘口矶：明万历三年（公元 1575 年），知县唐伯元筑，自窑头至将军渡凡七里，直达鹿山，记石矶五座外，为水府祠碑亭一所。

这是一个挑水坝加护岸的防洪工程，修筑的原因是正德初年，赣江中洪水过后，形成沙州，“袤二里许，障水北溃而射齿江岸，岸土疏裂善败，堤防无施，六十年之间，日颓月垫，向之所谓族居骈肆，干止井牧之地，尽在江中，势将摇撼县隅而荡析两都田土赋税也"[1]。沙州导水向北冲击堤岸，长年累月，导致堤岸崩塌，影响了居民的房屋和土地安全。

其措施是"伐石于山，令各运至颓所，计块受直，饥民欢信，担负扛载，聚石成坵，先生亲冒风雾之毒，驱涉.登顶，商度水势，指示石工，相极受冲溃之所，筶铄砮坚，仞深筑基，修五矶头，纯砥概砌，旁设棱蹟，似鸡距锯牙，横杀水势。顶则用三合灰土叠捣，屡削平直如原，可座多人。矶下各起有泥淤小洲，颇能障水南回"[2]。

此为挑水坝的做法，在水势最为顶冲的地方，石头砌成五座挑水坝，熔化的铁连结石头，做成磨盘一样。

王公堤：明万历四十三年（公元 1615 年），知县王元瓛蠲千金筑矶头堤以障赣江，使纡回东注。又铸铁牛，永镇水患，人称王公堤。

阜济渠：在冠朝。明万历二十八年（公元 1600 年），泰和邑人郭元鸿募工疏凿云亭阜济渠，三月而成，渠长六里，灌田万亩。

泰和六闸：泰和县旧有六闸，沿溪闸，在县东北十五里；丫头闸，在县东北十里；李大步闸，在县东五里；梦陂闸，在县北五里；松杨闸，在县西北十五里；一闸失其名。宋庆元中，卓洵以朝奉郎知吉州泰和县，访求水利，得小江一道，发源武山东，行四十里，逾松杨梦陂，涉李大步、丫头柱，沿溪以合于大江。其流低洼，田亩高迥，桔槔难施。营创六闸，务潴泄以救旱涝，共灌田一万余亩。时转运副使俞澄至县，大书"卓令之泽"四字，

---

① 《江西通志》卷一百三十二《泰和修筑破塘口长堤记》。
② 同上。

揭诸快阁，洵自记于后，岁久六闸尽废，明万历志失载。

二、历史水灾

由于地形地貌复杂，降水不均匀，容易形成水灾。源于东部山地的仁善河、仙河、珠林江均由东南流向西北注入赣江，源于西部山地的用水、蜀水均自西南流向东北注入赣江，形成反映总地倾斜的羽状水系。各支流的下游及赣江沿岸均处河谷平原和盆地，地势低洼，一遇上连续性大雨，则易发生洪水内涝。特别是赣江上游发生的连续性大雨，更易使县境产生内涝，并常常加剧县境洪涝的危害。县境洪涝常具有易涝难退的特点。

最早的水灾记载可以追溯到东晋时期，至两宋时，灾情记载比较简略。

东晋太元八年（公元383年）三月大水，平地五丈。十八年（公元393年），夏六月，大水，深五丈。隆安二年（公元398年），大水，饥。

南北朝梁大宝二年（公元551年）六月，江水暴起数尺，滩石皆没。

唐元和七年（公元812年）五月，暴水。十五年（公元820年），秋大水。长庆四年（公元824年）十一月，大水。

北宋淳化元年（公元990年）六月，大雨，赣江涨水，漂坏民田庐舍。大中祥符三年（公元1010年）六月，涨水。景祐三年（公元1036）六月，水。南宋绍兴四年（公元1134年），自夏及秋涨水，漂没民舍。乾道六年（公元1170）五月，水。七年（公元1171年）五月，水，圮民居，坏田圩。嘉定五年（公元1212）五月，大水。

元元贞元年（公元1295年）六月，大水。元统二年（公元

1334年）九月，大水。至元四年（公元1338年）五月，大水。至正十四年（公元1354年）四月末，淫雨，洪水平地深数丈，淹没农田。大饥、人相食。

明代以后，灾情记载更为详细，灾情均相当严重（表1-3）。

表1-3 　　　　　　　明代至民国时期泰和水灾表

朝代	年代	灾情
明	永乐二年（公元1404年）	七月，大水，岁饥，人相食。
明	宣德八年（公元1433年）	六月涨水，淹没民田，溺死男妇无算，田禾不收，人民缺食
	正统十二年（公元1447年）	自春以来，天雨连绵，山水泛涨，田苗浸没，居民房屋悉被冲塌，人畜物产漂流，损伤甚多。六月又大水，人民乏食
	正统十四年（公元1449年）	四月以来，骤雨水泛，官民廨舍俱被冲塌，淹没人畜
	成化二十一年（公元1485年）	五月，大水入县城，智林寺塔倾，冲天井坝为河二十余里
	嘉靖十九年（公元1540年）	五月，大水；斗米银七钱，民采菌、掘草根、树皮以食
	嘉靖四十四年（公元1565年）	六月，淫雨，田稻生秧
	万历六年（公元1578年）	六月，大水
	万历四十四年（公元1616年）	五月，淫雨不止，水高七尺，城内外居民尽漂
清	顺治四年（公元1647年）	大水，民大饥，葛根树皮食尽，饿死者众多
	康熙二十六年（公元1687年）	春，淫雨，水溢。四月大水，五月旱。水旱交加，五谷不登
	康熙四十三年（公元1704年）	五月初八日大水，十八日复水入城，水高地一丈，破塘口千尺岸崩

朝代	年代	灾情
清	康熙五十二年（公元 1713 年）	四月二十七日大水，五月十三日复涨，水势更大，十六日稍退，十七日又涨，水入城至仪门，深五尺，坏县前屏墙，淹没田庐禾苗无数，王公堤崩，民大饥。次年四月，涨大水
	雍正二年（公元 1724 年）	八月，云亭河大水，水自白羊圳一带小江溢出，漂没民居，淹死男妇甚众
	雍正三年（公元 1725 年）	七月，水溢。四年，山洪暴发
清	乾隆年间	六年（公元 1741 年），五月大水，冲塌房舍，淹死人口。八年春、夏，淫雨害稼，大饥，民多以仙粉土和菜食之，食后死者甚多。十五年七月，大水。二十九年二月大水，夏复大水。三十四年，大水。三十九年春大水，漂没民居。四十一年九月，大水。四十九年五月，大水，民饥。五十七年春，淫雨；四月，云亭河涨大水
	嘉庆年间	嘉庆五年（公元 1800 年），正月、七月分别涨大水，九月下雪。十七年七月，大水
	道光年间	六年（公元 1928 年），六月二十六日，禾水大涨，民饥。十四年，赣江、禾水水溢，漂没庐舍人畜无算，后大饥，民食野菜。二十四年五月，赣江、禾水上涨。二十九年六月，大水，漂没田稻
	咸丰年间	三年（公元 1833 年）夏，雨不止，禾生两耳，谷皆发芽。五年五月，大水
	同治年间	五年（公元 1866 年），三月，赣江大水。八年三月，雨，夏，大水，圩堤尽溃，毁田庐无数，次年三月，大水
	光绪年间	二年（公元 1876 年），五月，大水，饥。七年七月十八、十九，连日大雨倾盆，昼夜不息。云亭、仙槎、仁善三乡高山崩裂数百处，山洪暴发，巨流所经田庐冲刷成渠，淹死人畜无算。十年七月二十四日，赣江、蜀水大涨。二十五年五月，大水，民饥。二十七年五月，大水

朝代	年代	灾情
中华民国	民国年间	民国三年（公元1914年）六月十三、七月十六，两次大水。四年七月初八，陡涨洪水，城堞俱淹，北门上可通船，乡间倒屋淹死人畜不可胜计，为亘古未有之奇灾。七年五月，大水，水不甚深而绵延经月，农收大减。九年四月，接连大雨，五月初五起，山洪暴发，一日之间，水深数尺。十一年五月，淫雨，六月二十日起又复大雨，兼旬不止，赣江和各支流同时涨水，水高数丈，受巨浸。二十年四至五月间，桃汛暴发，大雨滂沱，通宵达旦，连旬不止。伏汛、秋汛踵至，水位高，时间久，灾情重。二十六年四至六月，县境降水量为868米。三十六年六月中旬，水灾

注：此表根据1993年版《泰和县志》整理。

历史上赣江干流发生较大洪水的有1876年、1915年、1922年、1899年等3年。其中1915年最大，棉津水文站最大洪峰流量达2.10万立方米每秒，灾情也最严重。

新中国成立后，1949至1988年的40年内，共有21年有水灾发生，平均约两年一次。较大的洪灾有1952年、1961年、1964年、1969年、1976年、1980年等6次，平均6.5年一次。80年代以后，较大水灾有1992年、1994年、1998年和2002年4次。

1952年7月18日，县境东南山洪暴发，沙村、冠朝、塘洲一带受灾7441户，受灾面积113814亩，有16775亩良田变为沙地，冲倒房屋899栋，冲垮小型水利设施1152处，死亡38人，受伤45人。

1961年5月，赣江大水，淹没350个自然村、198496亩土地，冲倒房屋105栋，冲倒冲坏水利设施277处，冲毁桥梁185座。1964年6月14—26日，连续降雨。17日和23日先后出现两次洪峰，淹没田稼185407亩，冲倒冲坏房舍399栋，淹死5人，倒塌水库、陂、渠1294处，漫决圩堤49处。1969年8月7—9日，老营盘3

天最大降雨量达 358.30 毫米，引起山洪暴发，河东地区除上模外，全部受灾，成灾面积 119330 亩，倒塌房屋 6629 间、仓库 8 座，淹压死 45 人，冲坏水利工程 97 座，冲坏公路 119 千米。

1976 年 7 月 9 日，河西地区山洪暴发，六七河、六八河、灉水两岸受灾严重，损坏房屋 800 多栋，死亡 3 人，受灾面积 10.50 万余亩，冲坏水利工程 300 座，冲倒桥梁 400 多座，冲走木材 6000 立方米、毛竹 5 万根。

1980 年 4 月 19—29 日，连日降雨，5 月 10 日赣江水位 62.57 米，农作物受淹面积 224984 亩，倒塌房屋 228 栋，冲坏水利工程 603 处、公路 2510 米，冲垮桥梁 294 座。

1992 年 3 月下旬，连降大到暴雨，赣江水位暴涨。县城黄家坝水闸倒灌进水，城东、城南、城北被淹。15 个乡（镇）的 101 个村委会受淹，13.47 万人受灾，农作物受淹面积 343999.50 亩，倒塌房屋 6958 间。7 月 5—6 日，再降大到暴雨，降雨量达 103.90 毫米，造成直接经济损失 7869 万元，其中农业损失 5160.60 万元，倒塌房屋 730 间。

1994 年 5 月 2 日，大暴雨导致部分民房倒塌，受灾群众被洪水围困。31 日又暴雨，致 23 个乡（镇）的 237 个村委会受灾，倒塌房屋 1323 间，损坏房屋 4932 间，死亡 10 人，伤 87 人，损坏水库 7 座、堤坝 1409 处、桥梁 110 座，毁坏农田 30658.50 亩。造成直接经济损失 4978.14 万元。

1998 年 3 月 6—9 日，连降中到大雨，赣江上游降雨较大，万安水电站泄洪，造成内外洪涝。16 个乡（镇）的 71 个村委会、10.90 万人受灾，被洪水围困 2 万人，无家可归 356 人。受灾农作物面积 39990 亩。倒塌房屋 600 间，损坏房屋 2000 间，渠道决口

5000 米，直接经济损失 5720 万元。

2002 年 6 月 29 日—7 月 1 日，连续 3 天暴雨，降雨量 176.90 毫米。22 个乡（镇）受灾，受灾人口 21.50 万人，倒塌房屋 875 间。农作物受灾 42 万亩，毁坏耕地 825 亩。损坏输电线路 4000 米，停产工矿企业 19 家。直接经济损失 1.50 亿元。10 月 29 日，暴雨，降雨量 89.40 毫米。赣江上游普降大到暴雨，万安水电站泄洪，赣江水位猛涨。31 日，上田赣江水位达 63.37 米，超警戒线 2.87 米，为 20 年内最高水位。14 个乡（镇）的 145 个村委会、15 万人受灾，被洪水围困 4.80 万人，倒塌房屋 98 间，损坏房屋 288 间，农作物成灾面积 117090 亩，造成直接经济损失 1.96 亿元。

三、历史旱灾

泰和的旱灾，从时间来看，每年 7—9 月，正当一晚和二水大量用水季节，降雨量少，蒸发量大，常出现旱象。从地域看，由于地形的差异及水利条件的不同，各地干旱持续的时间及受旱程度有很大差异，河谷平原地区及丘陵地区比山区的干旱时间长，受旱也较严重。据多年资料，石山、南溪、上田、沿溪、澄江镇、塘洲、樟塘等乡镇的干旱最严重，栖龙、冠朝、灌溪、苑前等乡次之，其余乡镇均较轻。

泰和的旱灾记载，历史也非常久远，有将近两千年的历史。东晋隆安二年（公元 398 年），旱，饥。南北朝梁天监元年（公元 502 年），大旱，斗米五千钱，人多饿死。唐中和四年（公元 884 年），大旱，人相食。这些应该都是非常严重的旱灾。南宋至民国时期泰和县旱灾情况见表 1-4。

表 1–4　　　　　　　　　　南宋至民国时期泰和旱灾表

朝代	年代	灾情
南宋	绍兴六年（公元 1136 年）	大旱，饥民饿死甚众，民多流徙
	淳熙年间	元年（1174），久旱，无麦苗。五年，全县旱。七年，旱，五月至九月，无雨，民饥。八年，正月至十月无雨，大旱。九年，五月至七月无雨，大旱。十一年，四至八月无雨，冬至次年二月又无雨，旱尤甚。十四年，五月，旱。
	庆元四年（公元 1198 年）	五至七月，无雨
	嘉定十四年（公元 1221 年）	大旱
元	至正十三年（公元 1353 年）	大旱
明	永乐十六年（公元 1418 年）	大旱
	宣德年间	七年，禾尽枯。九年，四至八月，无雨，田稼尽枯
	正统七年（公元 1442 年）	旱
	景泰年间	三年，旱。七年，自夏及秋无雨，伤害禾稼
	天顺三年（公元 1452 年）	五至七月，无雨，田苗伤害
	成化二十二年（公元 1486 年）	四—七月无雨。十月又旱。次年又连旱
	弘治十年（公元 1498 年）	旱
	正德四年（公元 1509 年）	旱
	嘉靖年间	二年（公元 1523 年），旱。六年，春旱。二十一年，大旱。二十二年，大旱，二麦不收。二十三年，旱，地赤千里，二麦不收，饿殍载道。二十四年夏，土赤，饥，秋疫。三十一年，旱。三十五年，旱。四十年，大旱，地赤

朝代	年代	灾情
明	万历年间	十七年（公元 1589 年）三至八月，无雨，赤地千里，早晚稻俱伤，秋稼绝粒，民采野蕨充饥，剥树皮挖草根以苟延，死者枕籍载道。二十六年五月，旱。三十四年六月，旱。三十五年六月，旱。三十八年五月，旱
	天启年间	三年（公元 1623 年），旱，饥。四年，旱，饥。五年五月，旱
	崇祯年间	五年（公元 1632 年）夏，旱。八年，春夏无雨。十六年，旱
清	顺治六年	春至夏，旱
	康熙年间	十年（公元 1671 年）四月，旱，大饥。二十六年，夏秋旱，五谷不登。四十三年六、七月，旱，大饥。五十五年夏，大旱。五十八年五、六两月，无雨，谷价腾涌。六十年七月，旱，晚稻不收
	雍正年间	六年（公元 1728 年）五月，旱，六乡疫。十三年五月，旱
	乾隆年间	三年（公元 1738 年）秋，大旱。八年，旱，饥，民多以仙粉土和菜食之。二十五年，大旱，数月不雨，颗粒无收。五十一年，大旱。五十四年夏，大旱，六乡疫
	嘉庆年间	七年（公元 1802 年）五至七月，不雨，大旱。十二年五月，大旱。二十五年夏，大旱
清	道光年间	六年（公元 1826 年），夏，大旱，饥。十五年，大旱，禾尽枯，饥，疫
	同治年间	七年（公元 1868 年）夏，旱。两月不雨，禾尽枯。九年大旱，岁饥
	光绪元年（公元 1875 年）	夏秋少雨，各处河路皆干浅
	民国年间	四年（公元 1915 年）六月大旱。十年五、六月大旱。十四年，田土龟裂，早稻受灾。十七年夏旱，秋虫，粮食减收五、六成。二十三年夏，旱，粮食作物受灾面积 8300 亩，花生、棉花等经济作物受灾 8700 亩。二十七年旱，农田减收，灾民饿死枕道。三十二年四月，旱，早稻栽插减少 20%

据 1993 年出版的《泰和县志》记载，1950 至 1988 年，有旱情的年份为 19 年，约两年发生一次旱情。旱情比较严重的有 1963 年和 1978 年。1963 年，出现罕见的春、夏、秋连旱，98% 的水塘干裂，群众饮用水困难，粮食严重减产。1978 年，伏秋连旱，塘裂鱼尽。受灾面积 478800 亩，其中早稻 318800 亩，一二晚 16000 亩，沿溪、石山、南溪、樟塘、栖龙、苑前等公社旱情尤重。另据泰和站 1937—1978 年 41 年资料分析，大旱年有 1944、1963、1978 三年，即每隔 15~20 年出现一次大旱，中、小旱情年年有。大旱年降雨量都不到 1000 毫米，多年平均 7—9 月的降雨量为 290.2 毫米，而同期蒸发量高达 471 毫米，比降雨量大 1.6 倍。[①] 2012 年出版的《泰和县志》则记载，旱灾较为严重的还有 1992 年、2003 年和 2007 年。

①见《江西省泰和县自然资源和农业区划》，1982 年，第 126 页。

第二章　槎滩陂工程的创建及演变

槎滩陂工程自南唐创筑，至今已发挥效益一千多年，其间经历了宋、元、明、清的维修以及近现代的改、扩建。它的结构和建筑材料都发生了很大的变化。其早期的建筑形式和建筑方法，不仅是槎滩陂的历史，也是江南大部分地区筑陂方式及其演变的见证。

第一节　槎滩陂的创建

槎滩陂由后唐天成二年（公元 927 年）进士周矩以家族财力，创筑于南唐升元元年（公元 937 年），至南唐升元七年（公元 943 年）完工。它的建成，是自唐代以来，江西经济开发、农业发展、水利建设不断推进的结果。它是江西最重要的古代水利工程之一，对以后江西水利建设起到了很好的示范作用。

一、唐末五代江西人口迁入和经济开发

唐中叶自安史之乱后，国家经济重心逐渐南移。这一时期北方藩镇割据，军阀混战，战争不断，社会动荡，经济凋敝。而长江流域相对稳定，大量人口南迁，江西则更为安定。而且江西气候温暖，适宜居住和耕作，因此，这一时期，江西人口增长较快。

根据《太平寰宇记》的记载，北宋太平兴国年间，江西户数猛增至 59 万 1870 户，比唐后期元和年间的户数增长一倍多[①]。吉州更是人口迁入的主要地区，其户口数量由 41025 户上升到 126453 户[②]，是原来的三倍。短期内人口快速增长，外来人口迁入是主要因素，泰和又是吉州人口迁入的主要地区。

在以自然经济为主的古代社会，人口的增长就是社会劳动力的增长，是影响地区经济开发的决定性力量，对社会经济的发展在一定意义上具巨大作用。外来人口的大量迁入，为江西以及泰和经济的发展创造了有利条件，促进了农业发展和水利设施的兴建。因此，唐宋时期，江西经济得到较快的发展，农业生产开始跃居全国的领先地位，成为全国重要的粮食生产和输出基地。

水利设施的完善与否直接关系到农业的丰歉、人民生活水平的高低和国家税收的多寡，所以人们历来重视水利建设。江西地区历史上水旱灾害也很频繁，因此，兴修水利尤为重要。安史之乱后，封建统治者对南方的水利建设给予较多的重视。江西著名的水利工程多建于唐朝中后期至宋初的这一段时期，尤其是元和年间及其以后。较大型的工程，如，洪州：唐元和三年（公元 808 年），江西观察使韦丹在章江修建了著名的水利工程——南塘斗门，以节制江水，后又筑陂塘 598 处，可溉田 12000 顷。[③]抚州：有千金陂，"上元中，守臣建华，陂以遏支流。大历中，刺史颜真卿继筑，名土塍陂。贞元中，刺史戴叔伦又筑，名冷泉陂。

① 杜文玉：《唐五代时期江西地区社会经济的发展》，《江西社会科学》1989 年第 4 期，第 107–112 页。

② 见黄利娜硕士论文《唐末五代江西经济开发》，2011 年，未刊。

③ 见《新唐书·韦丹传》："徙为江西道观察使。……筑堤扞江，长十二里，窦以疏涨，凡为陂塘五百九十八所，灌田万二千顷。"

咸通中，李渤增筑，名千金陂。"[1]唐武德五年（公元 622 年），刺史周法猛在抚州建述陂，引渠溉田二百余顷。另在陂上开山田百余亩，作为永久修陂之费。袁州：唐元和四年（公元 809 年），李将顺守袁州时，筑堰凿渠，引南山水，溉田两万顷。其他各州也大都有水利设施的记载。水利建设的兴起，为农业发展创造了有利条件。

劳动力的增加、水利工程的建设促进了农田的开垦，使耕地面积不断扩大。耕作技术也有了长足的进步，江西最迟在中唐已普遍使用牛耕，改变了"火耕水耨"的落后耕作方法，大大提高了劳动生产率。唐代江西农业生产发展还表现在，水稻生产普遍采用移栽技术，提高了除草、施肥的效率，促进稻苗分蘖和品种改良。稻苗先在秧田中培植，又使春季缺水时能够充分利用水源，并缩短大田的种植时间，可以节省地力。另外，稻麦复种和早、晚稻两熟制的推行使产量有所提高。

江西地区温暖湿润，且雨热同期，非常适宜水稻生长。唐末五代，江西地区是稻米的重要出产地区，盛产稻米。唐文宗时，孟馆巡察米价之后称"江西、湖南地称沃壤，所出常倍它州"[2]。自安史之乱后，唐朝的财政收入主要依靠江南 8 道，江西也是其中之一。为了从这里取得更多财赋，封建统治阶级也不得不注意发展南方的生产。吉州稻米生产也很多，皇甫湜《吉州庐陵县令厅壁记》说："庐陵户余二万，有地三百余里，骈山贯江，扼岭之冲……土沃多稼，散粒荆扬。"[3]吉州的稻米能运销荆、扬等州，足见这里稻

---

[1] 《读史方舆纪要》卷八十六《江西四》。
[2] 《全唐文》卷九百六十六"请令孟馆兼往洪潭存恤奏"。
[3] 《全唐文》卷六百八十六"吉州庐陵县令厅壁记"。

米之多。泰和是江西稻米的主要产地之一，品种多，产量高，质量好。北宋泰和人曾安止（公元 1048—1098 年）写出了中国第一部水稻品种专著《禾谱》，其中所记水稻品种，就以泰和地区为主。

唐末五代时，泰和的人口迁入、农业发展、水利兴修、经济开发促成了槎滩陂这一功在当代、利在千秋的水利工程的诞生。

另外，槎滩陂修建也在一定程度上依赖手工业和土木技术。历史上，泰和在这方面发展很好，县志记载："泰和士人，绰有风致。细民多技艺。"又载："其细民则尽力于南亩，或转货于江湖。"[①] 一般的普通百姓，主要是务农和经商，重视学习手工艺或农业技术，传统的土木工程技术如木工、竹工、石工等比较成熟，这些手工技艺是陂塘等水利工程建设的技术基础。正是这些技术的普及和推广，使得泰和的陂塘等水利工程能够大力建设，槎滩陂这样相对比较大一些的水利工程能够建设，而且历代的维护做得比较好，使其能够长期而稳定地发挥灌溉效益。

二、槎滩陂的创筑人周矩

槎滩陂创建者周矩，是在唐末五代中原地区战乱不断时期移民进入江西泰和的。

周矩的事迹，在正史中没有记载，而是散见于地方志、族谱以及一些文人的文集中。根据族谱记载，周矩（公元 895—976 年），字必至，号云峰，原籍金陵（今南京），五代后唐天成二年（公元 927 年）进士，大约在 929 年前后，迁居泰和。官至南唐西台监察御史。

---

① 光绪《泰和县志》卷二《舆地考·风俗》。

关于周矩考中进士的时间，有"后唐天成二年"和"南唐天成二年"两种说法，南唐的说法见于《始祖御史公传》。按："天成"为唐明宗李嗣源年号，天成二年，即公元 927 年，时当南吴顺义七年，南唐尚未立国，所以"南唐天成二年"说法是误解，应以"后唐天成二年"或"南吴顺义七年"为是。

周矩生活在五代十国，历史上社会非常动乱的时期，安居乐业艰难。周矩 32 岁进士及第，没有为官，而是在 35 岁时选择隐居到相对安定的江西泰和从事实业，可能和当时的社会制度有关。五代时期，由于社会动乱，尚武在社会上蔚然成风，从军成为社会流动的主要渠道，而科举等其他流动方式则成为次要方式。拥有进士身份的知识分子，并没有得到特殊眷顾，及第后授官仍需"守选"和"铨选"，初次授官职位也比较低，一般只为校书郎、秘书郎一类职务。①

另一方面，当时的金陵为杨吴政权的西京，是权力斗争的核心。杨吴政权虽然疆域广阔，囊括今江西全境、湖北东部、安徽、江苏两省以及淮河以南等广大地区，但是它的政局却非常动荡。905 年，杨行密死后，其子杨渥继位，荒淫放纵，杨吴政权岌岌可危。大臣徐温于天祐四年（公元 907 年）发动政变，夺得大权，次年弑杀杨渥，立杨隆演为主，从此杨吴政权为徐氏所把持。南吴顺义七年（公元 927 年，后唐天成二年），徐温死，子徐知诰继任其权位，扶持杨隆演之弟杨溥为帝，935 年徐知诰受封齐王，至937 年，徐知诰废吴王杨溥，登上皇位，国号大齐，后又改国号为唐，史称南唐。在这种社会背景下，周矩没有在金陵为官也是可

① 张舰戈：《五代至宋科举制度探析》，《信阳师范学院学报》（哲学社会科学版）2018 年第 3 期，第 129–133 页。

以理解的。

北宋皇祐四年（公元1052年），周矩四世孙周中和撰写的《槎滩、碉石二陂山田记》说："公本金陵人，避唐末之乱，因子婿杨大中竦守吉州，卜居泰和之万岁乡。"所以他避居泰和，一方面是避免卷入争权夺利的政治斗争，另一方面，可能有等待选官的意思，或者对于较低的职位不太满意，需要做出一点业绩。所以他跟随在吉州任刺史的女婿杨大中从南京徙居泰和县万岁乡（后改名信实乡，今螺溪镇）。

对于周矩迁居泰和的年代，也有不同说法。根据族谱记载推算，周矩32岁进士及第，35岁时随女婿迁居泰和。即使古人早婚，他女儿不会超过20岁，女婿杨大中应该岁数不大，按常理是一个刚步入社会的年轻人，何以能够担任吉州刺史，有待进一步研究。所以，周矩移居泰和的年代或许会有一些不太准确。[1]后人修族谱凭记忆或口口相传，难免有些误差。

另外一种说法认为，周矩迁居泰和在公元958年前后[2]，时年已经63岁，但按这一说法，则槎滩陂创建在何时，不好确定。本文暂按族谱说法。

按周氏族谱的记载，周矩"累官西台御史，刚介提躬，信义孚民，纠劾不避权贵，谳狱必存宽恤"。

周矩在寓居农村期间，体察基层民众的劳作和生活，当看到当地民众比较贫穷，甚至衣食无着，忧国爱民之心使他坐不住了。

---

[1]《泰和周氏爵誉族谱·始祖御史公传》："公讳矩，登南唐天成己丑进士。"其中"南唐天成"应为"后唐天成"。天成是后唐年号，南唐无此年号。而且后唐天成二年（公元927年）为丁亥年，非乙丑年。

[2] 刘祥善：《泰和县槎滩陂历史文物考察》，《江西水利志通讯》1989年第2期，第60—62页。

他要弄清缘由，问个究竟，为民解难。有一个传说：某年初夏的一天，他见几个光着膀子被太阳晒得黝黑的老农在树下乘凉，便走过去攀谈起来。他问："老伯，这里土地肥沃，人也勤快，可为何绝大多数人吃不饱、穿不暖、住茅房，生活如此清苦？"老农回答说："先生，你不知道呀，当地水利条件差，水源缺乏，种田全靠天吃饭，遇到旱年颗粒无收，丰年也因缺水，一年只能种一季，且旱年多于丰年，虽沃野千亩又有何用？今年看来又是旱年哟。""你们采取了什么措施吗？""我们年年烧香拜佛，扛菩萨做法事，但无济于事呀！只怨我们命苦，出生在这个鬼地方。"另一面黄肌瘦的老农无可奈何地说。"那为何不兴修水利引水灌溉？我们应当相信科学。"老农回答说："我们历来靠老天爷帮忙，何况没钱难办事，又无人组织，如何修水利？许多人只得背井离乡，外出谋生，如今万岁乡是百业凋零。"一席话说得周矩忧心忡忡，茶饭不思，接连几日他都深入田间地头，作认真的调查研究，盘算着兴修水利造福乡民之事。但兴修水利需要一大笔钱，并且费时费事。思量再三，他决定独家承担这一造福民众之事。当他将想法同家人一说，立即遭到多数人的反对，虽说家里有些积蓄，算是大户，但一家人日后过日子要开销，还不如到县城去开店做生意，怎会做赔本的买卖。周矩是一个有主见、有作为的人。他最终说服家人，毅然开始兴修水利这一义举。[①]

值得注意的是，各个版本的《泰和县志》以及《江西通志》均记载槎滩陂为"后唐天成进士周矩所筑"，他筑槎滩陂时，身份还是进士，还没有为官。因为筑槎滩陂的业绩，周矩才被嘉升

---

① 泰和县人民政府网站有载。

为金陵西台监察御史。

周矩的可贵之处，在于他是读书人，有一定的文化知识，敢于打破当地传统思想的束缚，不相信烧香拜佛和祭拜天地这种迷信方式，能够改变当地干旱落后面貌，毅然决定兴办水利实业，用科学的方法解决干旱问题。

三、创筑槊滩陂

槊滩陂，也称查滩陂。嘉靖《吉安府志》卷五《水利·泰和县》载："高行乡，陂三所：羊陂、查滩陂、流陂。"槊滩陂也简称茶陂，或槊陂。李氏族谱称其为茶滩陂。陂作何诠释，东汉许慎《说文解字》中有说，"陂，阪也……阪，一曰泽障"，是拦蓄地表水的水利设施，在北方为拦蓄湖沼，在南方多为拦蓄中小河流、引水灌溉的低坝。在江西、浙江、福建等地的中小河流中比较常见。

（一）筑陂过程

泰和在历史上水旱灾害不断。有些旱灾，灾情相当严重。周矩在寓居泰和农村期间，体察民情，深入走访，深知群众遭受旱灾歉收之苦。足迹踏遍了高行、万岁两乡的山山水水，经过考察，周矩决定采取筑陂引水的方式。约在南唐升元元年（公元937年），也就是避居泰和十年后，开始创筑槊滩陂。

关于槊滩陂的创建，《槊滩、碉石二陂山田记》追述周矩的修陂事迹，陂文有如下记载：

> 然里地高燥，力田之人，岁罔有秋，公为创楚。于是据早禾江之上流，以木桩、竹筱压为大陂，横遏江水，开洪旁注，故名槊滩。滩下仅七里许，又伐石筑减水小陂，潜蓄水

道，俾无泛滥，穴其水而时出之，故名碉石也。乃税陂近之地，决渠导流，析为三十六支，灌溉高行、万岁两乡九都稻田六百顷亩，流逮三派江口，汇而入江。自近徂远，其源不竭。昔凡硗确之区，至是皆沃壤矣。

槎滩陂所在的信实（今螺溪镇）、高行（今禾市镇）两乡，在现在的农业区划上，属赣江西部丘陵平原粮食、木本油料区。在水利区划上，属于河西丘陵河谷阶地旱、洪、涝区，广大丘陵、岗地水源较缺，至20世纪80年代，槎滩陂没有灌溉到的地方，仍然旱象严重。所以当时"里地高燥，力田之人，岁罔有秋"的描写，反映了这些地方缺少灌溉的情况。泰和的主要作物是水稻，需水量比较大，而在古代，农业需水一方面依靠自流灌溉，一方面依靠车水灌溉，两种方法都需要有稳定的水源，如果没有水源，农业生产相当困难。而且遇到年成不好，当地富裕人家为富不仁，囤积居奇，普通百姓更加陷入贫困。"值岁祲，富家多闭粜，独以轻息贷人，贫者竟不索价。"[1] 目睹此景，周矩说服家人，决心出资，兴修水利，以期能够改善当地的农业状况。

槎滩陂修筑工程历时7年，至南唐升元七年（公元943年）才完工。

初创时的槎滩陂就显示出选址的合理性、科学的规划和工程布置。作为有坝引水工程，陂址的选择是非常重要的，陂的高度、长度，陂址的地质情况以及引水流量、水流状况等都是要考虑的因素，直接关系到水工建筑物的安全、经济和能否正常使用。自

---

[1] 《泰和南冈周氏爵誉仆射派阳冈房谱·世德列传卷四》，1933年吉安民生印刷所印本。

流灌溉，还要求水源有一定的高度，需要简单的水准测量。周矩经过几年的实地踏勘，深入田间地头，调查研究，决定将坝址选择在赣江水系禾水支流的牛吼江上游的槎滩村畔的河流拐弯处，此处水流平缓，易于施工，河床坚硬，地质条件较好，而且距离灌区不远，使得渠道的开挖可以节省很多工程。更重要的是，这里地势较高，所谓"势高流行"，通过筑陂后，可以抬高水位，实现自流灌溉。

同时顺应原河道拐弯前的河势，新开挖一段弧线形过渡河道，将河水引向灌溉渠首，就是"开洪旁注"。从现今的遥感影像可以看到，经过筑陂和河道改造后，牛吼江主流直对引水渠口，形成正面引水、侧面漫流状态。此后随着时代的变迁，历经多次损毁和重修，工程技术和材料虽有所变化，但陂的位置、工程形式和基本布局仍与初建时大致相同。

槎滩陂坝顶高度略低于河岸，洪水期陂坝没入水下，大量的江水从坝上溢出进入老河道，具备防洪功效。同时，陂上设置大小泓口，供船、排通行，保证航运畅通。这样，即便再增加三四倍流量也能够从容应付，不至于发生洪涝。

槎滩陂是一个有坝引水工程，也可看作为一个分水工程。有人将它比作江南都江堰，似有一定道理。它的主体是"横遏江水"的陂，把江水一分为二，使一部分水流入渠道，即所谓"开洪旁注"，当河道的水位比较高时，另一部分洪水溢流过陂，回到原河道。

（二）筑陂方法

根据记载，初筑的槎滩陂为土陂。关于土陂的建筑方法，在古代筑陂历史上具有典型意义。一般来说，拦河筑陂，应当以石质陂体比较实用。但是石陂工程量大，当时不具备这样的条件。

初次修筑的槎滩陂是土陂。根据《槎滩、碉石二陂山田记》的记载，其做法是"以木桩、竹筱压为大陂"。具体如何做法，当时没有详细记载，应当是用黏土夯实后作为陂体。

1938 年重修槎滩陂，《民国二十七年重修槎陂志》记载有土陂的做法："先用木桩钉成双行，次用木片连结，再次用竹簟铺下水一面，然后下土。最须注意者桩宜粗，更宜深入。土宜坚，更宜筑实。底宜清去石块，以免倾倒发渗，又水深处于下水方面，每隔六七尺，紧靠土陂横筑一段，以备万一冲决时，不至牵动全陂。"这个大概就是当年"压为大陂"的做法。其材料主要是木桩、木片、竹席、黏土。即陂坝两边打木桩，木桩打入河床，起到固定坝基的作用，再用木片沿木桩连结好后，使单个的木桩形成整体。中间筑填黏土并夯实。筑陂的黏土取自一个叫"阿狮坑"的地方，因该处之土富有坚性。所以，初建的土陂体应当是竹—木—黏土结构，少量的三合土，采用这种方法，工程量相对较小，易于修筑。但是，后期的维修量比较大，黏土容易被冲刷。

图 2-1 大体展示了土陂的做法，与民国年间记载的基本相同。其主要问题是，土陂陂顶如何过水。桩的上部露出水面，可能高矮不一。正常水位时，陂体应当略高于水面，但洪水期陂体没入水下，陂顶过水。土质陂体极易受到冲刷，用什么材料来覆盖陂顶，抵御水流的冲刷？古人应该就是用的竹筱，民国时则用竹簟，它们覆盖在土陂的表面，减轻了水流对陂体的破坏。这是古人因地制宜的好办法，类似于用茅草盖在屋顶可以抵御雨水一样。

但是，这种简易的土陂，当遇到较大的洪水时，很容易被冲坏，大洪水时，可能整体被冲垮，即使遇到一般的洪水，也容易被侵蚀，所以日常维修的工作量很大。竹木等材料的损耗也很高，需要准备材料，随时维修。另外，漏水也比较严重，所以当干旱年份，需要拿稻草去堵塞漏水孔洞。所以，周矩在筑陂之初，就买下山田，准备材料，随时维修，既是长远考虑，也是迫不得已的做法。

图 2-1　初筑时的槎滩陂

初筑的槎滩陂，其高度和长度多少，是否有副陂，均没有记载。但是从地形和引水条件看，古今变化不大，应当修筑副陂，整体规模与今天相当。至清代乾隆《西昌志》和同治《泰和县志》中，始有"长百余丈"的记载，这一长度，合三百多米，应当是包含了主陂和副陂。

主陂"横遏江水"，就是将折往东北向的江水主泓，引进渠道往东流，所谓"开洪旁注"，只有少量余水进入故道朝东北流去。这是主体工程。副陂的作用是与主陂共同拦挡渠水外泄。

（三）配套工程

除了陂体工程外，周矩又"决渠导流，析为三十六支"，修建了三十六条灌溉渠道，包括干渠和支渠，作为配套工程。其渠道一直延伸至三派江口，奠定了槎滩陂的基本规模。灌溉高行（今禾市镇）、信实两乡九都田，岁逢旱不为殃。其灌溉范围，后来周中和把它刻在了《槎滩、碉石二碑山田记》的下方（图 2-2），现在已经很模糊，只能看出一个大致的范围，其中图的标注大部分已经很难识别，所以关于此图的具体描述，还需要进一步研究。

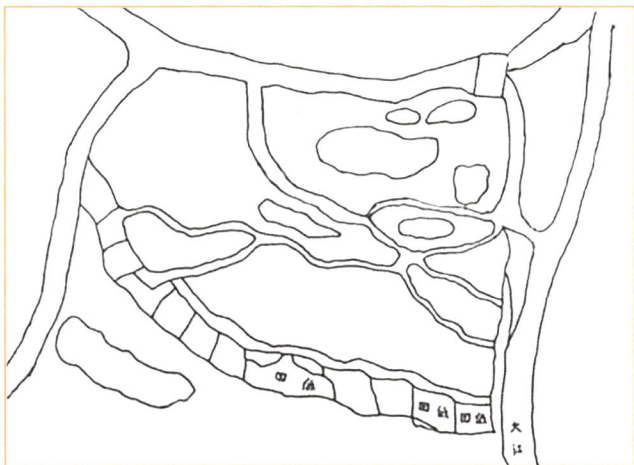

图 2-2 《槎滩、碉石二陂山田记》刻画宋代槎滩陂灌溉区域图

为使主河道水资源得以合理利用，且防止大水时下泄的洪水造成水灾，始建时不仅建有槎滩陂，还在陂下游约 3.5 千米处，采石修筑一座减水小陂——碉石陂，长约三十丈，它的作用，不仅是避免泛滥，还能调蓄水量，平时储蓄一定的水量。遇到枯水年或枯水季节，所有河水有可能都引去灌溉，为了避免槎滩陂下游河道枯竭断流，影响下游农户用水，碉石陂可以相机放水，正如碑文所说："潴蓄水道，俾无泛滥，穴其水而时出之"。保证农业用水、生态用水和环境用水，它相当于现代水利的反调节工程，它与槎滩陂相辅相成，形成完善的灌溉系统，在古代水利工程中非常罕见，充分体现了古人的人水和谐的理念。

除了碉石陂外，根据记载，槎滩陂还曾经有一些助陂。

一般来说，泥沙问题是影响取水工程成败的一个重要因素。槎滩陂初建时，是否有冲沙考虑，没有记载，槎滩陂上游山区森林茂密，植被很好，泥沙少，对渠道的淤积影响小。坝址选择在河流的自然拐弯处，对减少泥沙在渠首的淤积也有作用。另外，槎滩陂还充分考虑发挥实用功能，为保障船、排能顺利通行，槎滩陂在陂左侧设置大、小弘口，使船筏能够顺利通航，这种实用的设计理念使得该陂能够长久发挥效益。

槎滩陂创建的过程艰难曲折，工程量大，耗费了大量竹、木等材料。周矩又考虑将来维修需要，材料难以为继，购买了附近的山地作为修陂材料和经费的来源。《槎滩、碉石二陂山田记》载："既而虑桩筱之不继也，则买参口之桩山，暨洪冈寨下之筱山，岁收桩木三百七十株、茶叶七十斤、竹条二百四十余担，所以资修陂之费，而不伤人之财。"使维修的材料和资金也有保障。

（四）钦赐嘉擢

槎滩陂修成后的第二年，南唐元宗保大甲辰（公元944年）八月，周矩因为有进士身份，又有为民造福的业绩，得到皇帝的嘉擢，被晋封为金陵西台监察御史。

天子亲下诏书，进封周矩为金陵西台监察御史，诏书如下：

奉天承运，皇帝敕曰：朕安天下，效古为治。念机杼重劳，文敕不事组织。敦稼穑安胜，己身亲耕籍田凡百。奢侈浮靡，一切忧励，兢业群臣，其敬承之。兹特进尔金陵西台监察御史，赐之敕命。於戏！端慎常存，知识明敏，才华独擅，经术湛深。学业专门，领京畿之高荐；勤学至治，最铨部之嘉猷。爰稽彝典，钦赐褒恩。

唐保大二年八月十五日。

诏书大意是说：我皇帝遵从天命，仿效古法治国。重视纺织和农业，亲自耕田。戒除奢侈和浮华，希望群臣都这样做。现特别敕封你为金陵西台监察御史。因为你庄重谨慎地为人处世，而且知识渊博，才思敏捷，独具才华，经术湛深。在学业和专业技术方面，你超过了很多学子，名列前茅。在勤劳和治理能力方面，也有可以称颂的业绩。根据有关国家的制度，皇帝给予特别恩赐。

其诏书现存于爵誉村周氏祠堂内。

诏书虽然没有提到修筑槎滩陂和碉石陂这些具体事情，但是却特别褒奖了周矩在专业技术方面和经术方面的能力出众，而且，槎滩陂是有利于农业生产的重要工程，完全符合诏书前面提到的皇帝重视农业的治国思想。诏书颁发的时间正是在槎滩陂修建完成的第二年，显然，这和周矩修筑槎滩陂不无关系。在南唐元宗李璟看来，周矩不仅是专业人才，在人品道德方面也是老成持重，可以委以重任。

四、关于槎滩陂创建的争议

关于周矩创建槎滩陂的史实依据，最早的史料来源于宋代周中和的碑文《槎滩、碉石二陂山田记》，而在正史中没有记载。历代以来，周氏家族都十分重视维护其创始人的地位，因为创始人的地位其实和陂的所有权相互联系，直接关系到其家族利益以及家族在地方社会中的地位和声望。在周姓宗族成员看来，槎滩陂既然是由本族祖先创筑，则当然归本族所有。官方文献对于周

矩创建槎滩陂的最早记载，见于康熙五十九年（公元1720年）刊刻的《西江志》，其后雍正十年（公元1732年）的《江西通志》卷十五《水利》有相同记载。全文如下：

> 槎滩陂在泰和县禾溪上流，后唐天成进士周矩所筑（矩官西台监察御史），长百余丈，滩下七里许，筑碉石陂，约三十丈。又于近地凿渠为三十六支，分灌高行、信实两乡田无算。子美（仕宋为仆射），增置山田、鱼塘，岁收子粒，以赡修陂之费，皇祐四年，嗣孙周中和撰有碑记。

但是乾隆十八年（公元1753年）刊刻的，由冉棠主修的《泰和县志》则对上述《西江志》和《江西通志》中关于周矩创筑槎滩陂的说法提出质疑，其文如下：

> 槎滩陂、碉石陂。在信实、高行两乡。万历志载入信实乡四十九都及五十一、二都，与高行乡六十六都。系两乡四都灌田公陂，修筑按田派费。通志称周矩筑陂，周美增田、塘赡修等语，查李、唐、田三志并无，未审何据，新志混采。现据周锡爵等呈县请削，故删之。

乾隆《泰和县志》否定周矩父子创筑槎滩陂的理由有两点：一是槎滩陂、碉石陂是公陂，不一定是个人修筑的；二是李、唐、田三志并无这样的说法。李、唐、田三志，分别指明代弘治年间知县李穆主修的《泰和县志》、明代万历年间知县唐伯元主修的《泰和县志》和清代康熙年间田惟冀主修的《泰和县志》。这三个版本的《泰和县志》都没有写周矩筑陂一事。所以，新志虽然写了，又根据周锡爵的请求，删除了。周锡爵请求的原因为何，请求的内容是什么？现在不得而知。

到了道光三年（公元1823年），知县杨㓜重修《泰和县志》，事情再起波澜。时任编修之一的本邑士绅、信实乡彬里村举人萧锦，利用职务之便，坚持在新志中不写入周矩创筑槎滩陂之事，并联合了当地胡、蒋、李三姓的一些举人，以及其他家族的一些乡绅予以支持。这一做法引起了周姓宗族人员周振等士绅的强烈不满，并把此事提交官府解决，围绕着新修县志中是否要载入周矩创筑槎滩陂一事，双方进行了长达三年的诉讼，官司一直打到礼、刑二部，一直到道光六年（公元1826年），此次纠纷最终通过官方的判决而结束。

官方支持了周矩创筑槎滩陂一说，定将于新修志书"载开槎滩、碉石二陂，后唐御史周矩创筑，子羡赡修"，从而满足了周姓宗族的要求。但是也考虑到槎滩陂"田产久已无考，遇有修筑，按田派费"的现实状况，因而规定槎滩陂为"两乡公陂，周姓不得藉陂争水"，刊载周矩父子创赡槎滩陂之事，只是为了"不忘创筑之功"。可以看出，地方举人、监生以及宗族士绅为了争夺槎滩陂的水利创建权而发生了争夺，产生纠纷。官府则站在中立的角度，以基本事实为依据，做出了以上判决。一方面，周矩创筑槎滩、碉石二陂，有足够的史料记载。这一点，周氏家族肯定提供了很多证据，并非杜撰，而李、唐、田三志未载，可能没有注意到，或者另有原因。所以这一判决，是符合基本事实的，同时也符合当地文化建设、社会稳定的需要。另一方面，至少自乾隆年间开始，槎滩陂已经成为公陂，天长日久，民间对于创筑之事，已经逐渐淡忘，赡陂田产，更是久已无考，如果完全支持周氏的诉讼请求，则容易引发新的社会矛盾，所以又规定周氏不得以创筑者的身份为本家族争取利益。实际上，就是在道义上支持了周氏，而在实际的社会利益分配上维持了现状。

目前可以查到的史料是，道光四年（公元 1824 年）重修的《泰和县志》，最后采取了模棱两可的说法：

> 槎滩、碉石二陂，在禾溪上流，为高行、信实两乡灌田公陂。修筑历系按田派费，《通志》载后唐天成二年进士，御史周矩创筑。其子羡，仕宋仆射赡修。查李、唐、田三志无载，冉志自辨。

既不肯定，也不否定，并没有把判决结果写入志书。原因是该县志修撰完毕的时候，官方的判决还没有结果。一直到同治九年（公元 1870 年）重修的《泰和县志》，才将判决结果刊载在新修的县志中。

周氏族谱中有关此次争议的记载如下：

> 考清康熙五十九年江西白志（即《西江志》）、雍正十年江西谢志（即《江西通志》）、雍正《一统志》，载有"槎滩、碉石二陂，周矩父子创赡"云云。又宋中和公（即中复公）碑记，泰和《文献通考》，《江西要览》，元欧阳公玄、明陈公昌绩各文集，明《周氏通谱》，元罗存伏《吐退文约》，具详其事。迨乾隆十八年，泰和冉志（即冉棠主修之《泰和县志》）局设省垣，因李、唐、田三志失载，致未补入。道光三年知县杨讱修志时，主志者为彬里举人萧锦，因挟宿嫌，藉口李、唐、田三志之失载，捏称当日冉志周锡爵之请删，借公报私，坚持不载。唆使田心举人蒋琳如、义禾廪生胡以昌、监生胡一德、

李野、李飞鹏、革生李凤翔、罗步田、举人萧自勉及各姓人等，随声附和。族绅如龙冈封职蕴光公、漆田举人益三公、木陇州同志逊公、阳冈廪生升阶公、生员作沛公、高冈增生振公、监生于宜公、晚桥康生腾春公、某村职员浩然公、增生立相公等，念祖德宗功，不忍泯灭，选控省、府、县无效，而振公、于宜公控京，奉礼、刑二部咨，饬县令杨讱照白、谢二志补载，刊刷四部，解送礼、刑二部存案息讼，而本省布政使司、浙江钱塘县潘方伯恭辰，又赠郑渠衍泽匾额，饬县送县一本堂及县祠，以彰先德。盖自道光三年癸未至六年丙戌，此案始结，即今所录之省县二志也。余详一本堂刊案，此其梗概耳。

根据周氏族谱的说法，萧锦是"挟宿嫌"，公报私仇。"宿嫌"从何而来？而且萧锦的行为还得到其他宗族的附和。事情大概还要从周氏与其他家族历史上的矛盾说起。槎滩陂自创建后，周氏一直以陂的创建者和所有者自居。元代《五彩文约》形成后，李、蒋、萧、胡等几大家族轮流为陂长，随着其他家族参与槎滩陂的管理，他们在槎滩陂管理事务中的作用越来越明显，尤其李氏、蒋氏和胡氏对槎滩陂的几次大修，使槎滩陂从根本上改变了土木陂的性质。应该说，他们对槎滩陂的贡献也是有目共睹的。他们对周氏家族独占槎滩陂所有权有所不满，因此想方设法消除周姓对陂产的专有权，以造成陂产产权的模糊和残缺，在五姓共同管理观念的旗帜下，形成陂产产权共有的状态。因此，地方宗族在槎滩陂创建者的问题上，产生了分歧。到了清代，演变为关于槎滩陂创筑者的诉讼。

对于槎滩陂创建权的争夺，不仅是现实权力的争夺，也是一

种文化权力的争夺。这种争夺并非槎滩陂特有现象，在其他的一些工程上也有发生过。这种现象，既是水利纠纷，也是文化纠纷，反映了民众对于水利设施的归属感和对文化权力的强烈愿望。地方宗族对于水利创建权的争夺，以及纠纷的解决，在一定程度上提高了水利文化在地方社会中的影响和地位。

关于周矩创建槎滩陂的事迹，以后的地方志均采信并有记载。

清杨国瓒修乾隆《西昌志》卷五《水利》：

> 槎滩陂在县西，禾溪上流，后唐天成进士周矩所筑，矩官西台监察御史，长百余丈，滩下七里许，筑碉石陂，约三十丈，又于近地筑渠为三十六支，分灌高行、信实两乡田无算，子美，仕宋为仆射，增置山田鱼塘，岁收子粒，以赡修陂之费。皇祐四年，嗣孙周中和撰有碑记。

光绪《江西通志》卷六十三《水利二》：

> 槎滩陂在泰和县禾溪上流，后唐天成进士周矩所筑（矩官西台监察御史），长百余丈，滩下七里许，筑碉石陂，约三十丈，又于近地凿渠为三十六支，分灌高行、信实两乡田无算，子美，仕宋为仆射，增置山田鱼塘，岁收子粒，以赡修陂之费。

历代的族谱资料中，也有不少本地士绅或官宦撰写的关于槎滩陂的资料。如，明代曾任户科给事中的当地绅士刘不息，在其《重立槎滩碉石陂事实记》中就记载道："顾其田地高阜，水下荫注不及，见有六十五都槎滩小江一道，势高流行，乃相其宜，以木桩、竹筱压作小陂一座，横截江水，旁开洪以注之。又税地浚清道流，分作三十六支，至三派江口汇出，地亘三十余里。下流仅五七里许曰碉石，又作减水小陂一座，使无泛溢之患，其水灌高行、信实两乡九都稻田六百顷亩，皆为膏腴之壤矣。"[1]也肯定了周矩筑陂的事实。

五、槎滩陂的灌溉规模和效益

关于槎滩陂的灌溉规模和效益，历代记载有一些不同说法，现在的研究也有不同说法（表2-1），容易造成混淆，现将其讨论如下：

表2-1　　　　　　　　　　槎滩陂历代灌溉面积表

朝代	出处	灌溉面积	备注
宋	《槎滩、碉石二陂山田记》	六百顷亩	碑文
宋	《槎滩、碉石二陂山田记》	数百顷亩	周氏族谱
元	《五彩文约》	三十余万	
元	《兴复陂田文约》	三十六万余亩	
元	《吐退文约》	三十六万余亩	
明	《吉安府志》	四百三十八顷一十五亩	嘉靖《吉安府志》
清	《泰和县志》	四百三十八顷一十五亩	乾隆和道光《泰和县治》引明弘治《泰和县志》
民国	《民国二十七年重修槎陂志》	一千万亩	水利局调查表

最早记载槎滩陂灌溉面积的，是宋代周中和的《槎滩、碉石二陂山田记》，其碑文说："灌溉高行、万岁两乡九都稻田六百顷亩……昔凡硗确之区，至是皆沃壤矣。"古代1顷为100亩，600顷就是6万亩，所以有周矩筑槎滩陂，灌溉面积达到6万亩的

---

[1]《泰和南冈周氏漆田学士派三次续修谱》第十册《杂录》，1996年铅印本，第353页。

说法。实际上，宋代的 1 亩合今 0.87 亩，折算下来也有 52200 亩。即使如此，初创时的槎滩陂，灌溉面积能达到 5 万多亩，也是很难令人相信。

同样是《槎滩、碉石二陂山田记》，在周氏族谱中，灌溉面积则记载为"数百顷亩"，虽是一字之差，却有很大的区别。可能受族谱的影响，其他还有一些文献，也持"数百顷亩"的说法。仔细研究现存碑刻，从目前所存碑文看，"六"字至今仍然是可以辨识的，几百年前，辨识应当更加没有问题，所以周中和的碑文肯定是持"六百顷亩"的说法。

但是，在族谱中为什么要把碑文写的"六百顷亩"改为"数百顷亩"？颇为费解，不可能是一时疏忽。如果族谱的出现晚于碑文，显然，周中和之后，在撰写族谱时，有人认为，这一说法不准确，或有所夸大，改为"数百顷亩"，更符合实际一些，至少不是明显的夸大。不然，很难解释为什么碑文中的其他文字和族谱记载都相同，只有这一个字出现了不同。

现在的一些文章和书籍，则把"六百顷亩"解释为约 9000 亩，其根据应该是把古代的 1 顷当作现在的 1 公顷，即 15 亩计算，但是古代没有 1 顷等于 15 亩的说法，"公顷"是近现代的概念。

此后各代，对槎滩陂的灌溉效益，又出现了一些不同的说法，更使后人如坠云雾。元代《五彩文约》称："见知高行、信实两乡九都田三十余万。"《兴复陂田文约》："太和州五十二、三等都人周云从、李如山、萧草庭、蒋逸山等，今立约，为因云从祖周羡大夫致仕还乡，见知高行、信实两乡九都田亩三十六万余亩。"此外，《吐退文约》以及元代的一些记载，均持"三十万余亩"或"三十六万余亩"的说法。这些说法与当地的土地面积严重不符，显然是有所夸大或误解。需要注意的是，《五彩文约》记载为"三十余万"，后面并无单位，很有可能是指"三十余万斗"，而非"三十余万亩"，而"斗田"的使用并不广泛。因此，有些文献把"三十余万"误为"三十余万亩"。而实际情况是，当地没有这么多土地。按宋代的产量，亩产米约 2～3 石，以亩产 3 石计算，合 30 斗，因此 36 万斗田的产量，合 12000 亩。

根据 1992 年的资料，禾市镇耕地 2460 公顷，合 36900 亩，其中水田 2382 公顷，合 35730 亩；螺溪镇耕地 3054 公顷，45810 亩，其中水田 2968 公顷，44520 亩。两乡合计耕地 82710 亩，水田 80250 亩。按灌溉面积三分之二计算，最多灌溉水田为 53500 亩，这也是经过历代扩建后，尤其是新中国成立后多次改造扩建后槎滩陂能够达到的灌溉面积，宋代的灌溉面积没有这么多。

明代嘉靖《吉安府志》记载："高行乡，陂三所，羊陂、查滩陂、流陂，自罗浮洞发源，灌田四百三十八顷一十五亩，繁流出永新江而合赣水。"乾隆和道光版本的《泰和县志》转引明代弘治《泰和县志》，记载基本相同："羊陂、槎滩陂、碉石陂、流陂，以上四陂属高行乡，共一水，自罗浮洞发源，共灌田四百三十八顷一十五亩。"这一说法，有零有整，可能是经过一定的考察评估得出的结论。粗略估算，除去羊陂和流陂的灌溉面积，由槎滩陂合碉石陂所灌溉面积，大概 3 万多亩，反映明代的情况，应该比较符合实际。考虑到明代槎滩陂流域村庄繁衍、人口增加的情况，初筑时的槎滩陂，其灌溉面积估计 1 万～2 万亩。

至《民国二十七年重修槎陂志·文牍·水利局调查表》对此再次产生误解，该文称："受益之田亩：相传为三十万石，每石合二亩五分，现在大约一千万亩。"按此说法，也是 75 万亩，

1000万亩不知如何计算出来，此说法显然更不符合实际情况。

《民国二十七年重修槎陂志·记·民国四年重修槎滩、碉石二陂记》一文对槎滩陂的灌溉面积也提出了看法和解释："《求仁志》虽云三十万亩，今诸君子自验，从乡间斗、石之称，计以石，仅六千有奇。计以斗，亦仅六万有奇。故乾隆间修陂旧籍已明言，与三十万之说迥相左。"就是说，当时有一些人对槎滩陂的灌溉范围进行了估算，其结果是6000石或6万斗。如果按上述民国时期，当地1石为2.5亩的计算方法，6000石即为1.5万亩，有可能偏少，可能两万多亩比较符合实际情况。即使如此，与"三十万亩"的说法，相差太多。所以，"相传为三十万石"，应当是"相传为三十万斗"之误。"一千万亩"的说法，与实际受益田亩数，相差甚远，不知出自何处，是否根据"三十万石"的推算估计出来的，不得而知。在《民国二十七年重修槎陂志》的另外一处《募捐启》中，也持同样说法：槎滩陂"创自南唐，凿渠三十六支，灌田一千万亩"，同样是误解。

不仅历代对槎滩陂灌溉面积的具体亩数有不同说法，从宋代开始灌溉两乡九都的说法，到后来也有一些出入。

乾隆《泰和县志》记载的槎滩陂灌溉区域只有四都："槎滩陂、碉石陂，在信实、高行两乡。万历志载入信实乡四十九都及五十一、二都，与高行乡六十六都。系两乡四都灌田公陂。"明确说明，从明代的万历版县志开始，只有四都记载有槎滩陂这一水利工程。是否有一些都受益的田地，使用了槎滩陂的水源，但不算这一都有槎滩陂这一工程，这种情况也有可能。

根据光绪《泰和县志》的记载，高行乡和信实乡所管都是七都，两乡共管十四都，槎滩陂受益范围九都。因此，初创时的槎滩陂，其受益范围已经到达高行、万岁两乡的大部分地区，此后，灌溉范围不断扩大。笔者认为，周中和作《槎滩、碉石二陂山田记》时，槎滩陂的灌溉面积 1 万～2 万亩，至明代时扩大到至 3 万多亩，一直到民国时期，比较符合实际情况。

必须说明的是，槎滩陂因为势高流行，有一部分耕地实行了自流灌溉。还有相当一部分水田是依靠槎滩陂水源车灌溉的，也算入槎滩陂的受益范围。

第二节　历代对槎滩陂的维修和改建

槎滩陂自创筑以后，由于是土陂结构，需要不断维修。为了减少维修的工作量，历代在维修过程中，对其陂体结构进行了改造，逐渐由土陂向土石陂转变，新中国成立后最后改建为混凝土陂。

一、宋代的维修

槎滩陂创筑之初，周矩就十分重视其维修。购买了山田，准备了充足的材料和资金，用于维修和日常的维护。此后，北宋初年、元至正年间先后进行维修。北宋年间主要是周矩后代的维护。《槎滩、碉石二陂山田记》记载："既而虑桩筱之不继也，则买参口之桩山，暨洪冈寨下之篆山，岁收桩木三百七十株、茶叶七十斤、竹筱二百四十余担，所以资修陂之费，而不伤人之财。二世祖仆射羡公，以先公之为犹未备也，又增买永新县刘简公旱田三十六亩，陆地五亩，鱼塘三口①，佃人七户，岁收子粒，赡以给修陂之食，

---

① 《五彩文约》《兴复陂田文约》等均作"鱼塘四口"。后各处同。

而不劳人之饷。"也就是说，因为是土木陂，槎滩陂从创建之初就存在维修问题，周矩的二儿子周羡继承父业，增买山田，继续完善了槎滩陂的管理维修制度。从这一过程可以看出，周矩原来购买的山田，用于日常的维修和维护尚有不足。所以日常的维护，需要消耗大量的竹木材料以及人力、物力。

据周氏的四世孙周中和于皇祐四年（公元 1052 年）撰写的陂记，到了宋代，槎滩陂的运行基本没有问题。"先是，山田之入，皆吾宗收掌支给，由唐迄今，靡有懈弛。"土木陂运行已经一百年有余。但是，仍然存在维护的成本高、工作量大的问题，而且，基本上由周氏家族主持维修。

此后宋末元初时，胡氏宗族成员中的胡巨济和胡中济兄弟曾捐资维修过槎滩陂，胡氏族谱中有两人生平的记载，其后又有胡麟昭、胡鼎享出资修筑：

> 巨济，讳汝舟，号泓翁，行三十八承事，富盛甲于一邑，偕弟尝捐重金倡修槎滩陂，独修稀筑陂，洪度诸务让弟执柄。胡中济，讳汝辑，号仁翁，行四十五承事，富盛甲于一邑，从兄尝捐重金倡修槎滩陂，独修稀筑陂。
> 胡麟昭，讳仁，号瑞庵，行一，乐善好义，尝修槎滩等陂。……胡鼎享，讳化泰，号享衢，尝倡义修槎滩陂。[1]

胡氏兄弟和胡麟昭、胡鼎享修陂的具体年代和具体情况不是很清楚。

关于稀筑陂，是一个怎样的工程，民间认为就是碉石陂，也

---

[1] 《（义禾田）胡氏族谱》第三册，1996 年铅印本，第 95—98 页。

有人认为不是。《泰和南冈周氏漆学士派三次续修谱》第十册载《书省县志槎滩碉石陂后》一文，对此考证如下：

又考明胡庐山先生直《求仁志》载，隆庆间（公元1567—1572年）和睦乡里第四约条云："吾乡水利，来自槎滩陂及稀筑、碉石等陂。"万历间（公元1573—1620年）乡约云："两乡十团（按：两乡为高行、信实，十团为甲、乙、丙、丁、戊、己、庚、辛、壬、癸），自严庄（按：严庄为田心、梅枧蒋姓各村之总地名）至夏潭二十里间，上、中、下三十万田，皆仰藉槎滩陂水。"盖此陂筑始于宋（按：我祖矩公生唐昭宗乾宁二年乙卯二月初四日，殁宋太宗太平兴国元年丙子九月初九日，寿八十二岁。入宋时六十六岁，此矩公创筑之确证），其分灌有碉石陂、稀筑陂，大小凡几处。明兴复修，百余年来，圮于嘉靖间（公元1522—1566年），各右姓始出力修补，万历六年戊寅，因修乡约，议费及折帛银两专属陂长胡朝衮、康鲁、周梦萱（高冈三房）、周日介（螺江长房）、胡以敬、萧旌贡、蒋天叙、李梦桂、胡舜恺等修槎滩陂，而稀筑陂则敛银托严庄蒋氏修理。是稀筑、碉石显然二陂，今俗以稀筑为碉石，误矣。然质诸乡者，亦不可考。

明清时期的地方志中，也没有稀筑陂的记载，现已无考。但是并不能因此就认为没有稀筑陂，唐宋以来，泰和修建的很多陂塘，都湮没了。从以上的记载看，稀筑陂应该是槎滩陂的一个分水配套工程，由胡氏修筑，主要灌溉胡氏的田地，直到明代仍在使用。由于稀筑陂也使用了槎滩陂的水源，因此胡氏在独修了稀筑陂后，也积极倡修槎滩陂，这是共同的利益所在。

由以上记载也可以看出，这一时期，槎滩陂的维修没有中断。但是，由于运行时间过长，土木、竹子筑成的坝基已经腐朽破坏，表面的维修已经无济于事，必须彻底翻修，于是有了元代的改建。

宋代土木陂维修的主要工作，根据后来《五彩文约》记载，主要有"作桩""结拱"和"塞拱"等工作。"作桩"应该是更换木桩，大水时，竹木结构的陂体，容易被洪水冲毁，因此经常要更换木桩。"结拱"是用竹木构建陂体的结构，当陂体被洪水冲刷后容易坍塌，或者年久容易腐朽，都需要重新构筑，或者补打木桩，也需要大量的竹木。在旱年时，还要"塞拱"，塞拱应该是用稻草填塞陂的缝隙，使水不流失，增加引水流量。

早期的槎滩陂灌区，并不一定都是自流灌溉，还有一部分是车水灌溉。关于渠系的维修工作，没有更多的记载。

二、元代的改建

槎滩陂从公元 937 年修建，竹木土石陂运行了 300 年左右后，到了元代，其损坏情形已经非常严重。乡绅李英叔出资两万缗（1缗为 1000 铜钱），开始用条石修筑陂基，改建槎滩陂。这对槎滩陂来说，是一个比较重要的变化，也是改进。这一事实，在《柏兴路同知英叔李公墓志铭》碑文有记载。该碑（图 2-3）现存于泰和县螺溪镇普田村李氏宗祠仙李堂，刊刻于明成化三年（公元1467 年）五月，为长方形青石质，长 177 厘米、宽 84 厘米、厚 3厘米。该碑刻做工考究，铭文编排工整，保存基本完好。碑刻内容分上下两部分，上部分字大一寸见方，为墓志铭，竖排 24 行，一行 30 字，共计 622 字；下部分字体较小，约 1 厘米，为 8 篇题跋，计 1885 字。

碑文开头就说李英叔维修槎滩陂
事迹：

> 予闻西昌李英叔，其乡槎滩、
> 碉石二陂，每岁屡筑，筑已辄坏，
> 殆不可筑。英叔以钱二万缗募千
> 夫，凿石堤水，陂成，灌螺溪良田
> 三十万，乡人称之曰"李公陂"。①

此碑文填补了这一重要水利工程
后期记录的空白，具有重要的史料价
值。碑文记录了元朝李氏筑陂的史实，
详细说明了当时槎滩陂"每岁屡筑，
筑已辄坏，殆不可筑"的情形。

这一事实，在李英叔之孙李如春
至正元年（公元1341年）写的一篇《五
彩文约·跋》中也有记载：

图 2-3　李英叔墓碑

> 大夫（周美）后，茶滩（即槎滩）与碉石两陂坏，坏而复筑，
> 筑而辄坏，坏不可筑矣。……田以茶滩、碉石二陂分流灌溉，
> 而可耕可获。今二陂坏，相公能捐财筑复以导水利，岁常收
> 租纳税，非惟相公无累，而佃田耕者，亦得分利，以为俯仰
> 事蓄之资，不犹愈于自甘出钱以输，未收租之田之税乎？菊
> 隐君是其言，乃以钱二万余吊募夫千余众，相土宜上、中、下，

---

① 萧用桁：《浅析〈柏兴路同知英叔李公墓志铭〉：古碑刻与传统道德》，《南
方文物》2014 年第 3 期，第 189–191 页。

纳拱口广狭、高低，固筑之石，以李公名识别于旧所筑也。^①

从这些记载中可以看出，初建的槎滩陂采用的是竹木—土石结构，天长日久，竹木腐朽，土石冲刷，陂体老化，从周羡的时候就开始损坏，灌溉面积可能有所减少。而且维修、维护成本很高，陂体的改建势在必行。

这次改建，主要做了两项工作：第一项重要工作是对陂的基础进行了改建，采用条石砌筑，替换竹木，而且根据土质的不同，对地基进行了处理。这使陂的稳定性得到很大提高，抗冲刷能力增强，也使此后陂的维护工作量减少很多，为以后长期运行奠定了基础。陂的背水坡溢流面和陂的效能防冲部分均用条石铺设，以防冲刷。至今在主坝背水面的基脚处，仍然保存有众多的条石（图2-4），起到消能防冲的作用。这些红石条分四、五层垒叠筑起，长3.4米，宽0.34米，厚约0.34米，条石之间有锁孔，当时用铸铁浇筑连结。这些条石已经历经将近千年，仍然在发挥着作用。

图2-4 元代条石

① 《南冈李氏族谱》第一册，2006年铅印本，第221页。

　　第二项重要工作是对拱口的改建。所谓拱口，应当是陂的迎水面。因为竹木土石陂，是用木桩和竹条或木片结拱而成，遭到洪水冲击，容易被破坏。在至正元年的《五彩文约》中，就有用木桩结拱的说法，需要用大量的木桩和竹条等材料，还不经久耐用。李英叔这次维修，是在《五彩文约》形成之前，可能正是基于这方面的考虑。迎水面用条石砌筑，增强了陂体的抗冲刷能力，也使陂体更加耐用。当然，具体的形制结构，还有待进一步研究。

　　此次改建规模比较大，投入的人力物力也相当巨大，用钱达到两万缗，另外可能还有其他一些乡绅的投入，雇佣人夫达到千人。改建后的条石都打上标记，以区别于以前的修筑。

　　这次改建相当成功，改建后的槎滩陂灌溉面积有所恢复，以至于槎滩陂一度被称为"李公陂"。后人对李英叔这次修陂行动多有赞誉。

　　明代曾任钦奉敕书提督、山东按察使佥事的吴兴人王麟称赞说：

　　　余观之螺溪之田三十余万亩，柏兴公与乡人共有之也。独恻其水利之未兴，能因宋之故迹倾圮不修，捐资以筑之。而堤防甚固，螺溪之陂茶滩、碉石，南安公与乡人共赖之也。独慨其赡陂之失业，能因宋大夫之所舍，置子孙不保，仗义以复之。而营缮有需，祖作孙述，其为善益至矣。

　　明代承德郎工部主事，余姚人杨时秀书：

　　　泰和南冈元柏兴路同知李英叔与其孙南安路推官如春，

祖孙相望以泽世世。彼螺溪之田连阡陌，群布上、中、下者
三十万亩有奇。其田之有获赖有陂以为之灌也，陂之有筑赖
有田以为之赡也。英叔之筑坏陂，如春之复侵田，则螺溪之
田，昔龟革之折，火烁之焦，而后之若膏沃涎漱数十里者，
世世无改矣！昔枯茎之蔽村，缕茑之梗道，而后之摇青苒苒，
垂黄离离数万亩者，世世无改矣！

关于李英叔，据墓志铭碑文和南冈李氏族谱记载，他为唐朝
名将李晟后代。李晟后裔李公仪途经泰和南冈，爱其山水之胜，
将儿子李弼接来泰和南冈定居。所以，李氏也是由外地迁入的家
族。他们隐居在这里躲过了宋末元初的战乱，凭借家族的积蓄和
几代人的苦心经营成为富甲一方的大家族。传到李英叔辈时，家
财积累更巨。称其起家至巨万，可比封君，而且不贪图私利。据称，
南冈李氏有田园山林之富，池台馆宇之华，四方宾客往来有斟咏
之娱，歌舞音乐之奉。

根据碑文记载，元朝朝廷封李英叔为柏兴路同知，他以照顾
老母为由请辞。"得官承事郎、同知柏兴路事，当上，以母老辞
行。"李英叔不仅是有名的孝子，而且乐善好施。"凶年，劝分
常过万石。好施与，如桥庵航渡、观坛塔寺，皆不靳。""其筑
陂以灌乡田，平籴以济凶荒，可谓积而后散者矣。当时嘉其义，
报施以官，又以母老辞行，可谓施不求报者矣，非仁人君子之用
心，其能若是乎？"

《墓志铭》后的八篇题跋，也多对其筑堰的事实进行了肯定
和颂扬。如资善大夫、南京兵部尚书庐陵萧维祯《跋》："公……
募千夫堰水以溉田，发千石平籴以济匮，……乃其积善行义之大

者，其平生如此。"资善大夫、南京刑部尚书、万安刘孜撰文："垾筑陂以灌乡田，平籴以厚乡民，好施予，济凶荒。"

当然，碑文和族谱往往有美化和夸大成分，但也可看出当时李英叔修槎滩陂，影响大，是其一生最主要的事迹。

根据记载，在碉石陂下游，元代还修筑了一些槎滩陂的助陂。如上文提到的，宋末元初，胡氏修稀筑陂，一直到明代嘉靖年间仍在使用。

后来《五彩文约》也记载有一些助陂，文陂、桐陂、拿陂、白马陂是萧草庭用钱买石修砌。《五彩文约》云："碉石陂系李如春责令干甲萧贵卿用钱修（筑），直至文陂，桐陂、拿陂、白马陂，其助陂系是萧草庭用钱买石修砌，直至三派横塘口出。"《吐退文约》中再次提到这些陂是周云从和萧草庭修筑。这些陂的位置在碉石陂之下游，它们都被纳入槎滩陂灌溉系统管理（图2-5）。其中拿陂，光绪《泰和县志》有记载，在信实乡，与孔陂等共一水，自北江发源。其他陂则未见记载。禾市东北5千米有桐陂村，据传是因村后有一座铜锣陂，后衍称桐陂，三都圩西4.5千米有一村，叫槎富张瓦，又称桐陂张瓦。所以元代修建的桐陂应该是存在过。

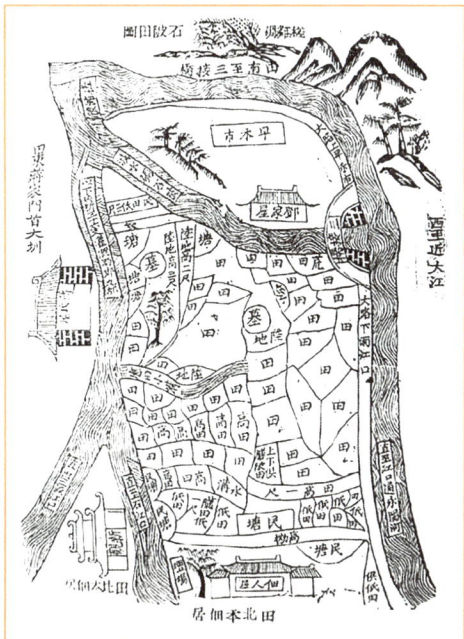

图2-5　明代槎滩陂灌区图

另外还有蒋逸山修建的余家陂，蒋逸山是《五彩文约》的签约人之一。

这些助陂的作用可能是分水，类似于分水闸的作用，从槎滩陂干渠分水到自己的田地里，都是各姓独自出资修筑，也可看作是槎滩陂的配套工程。可能是槎滩陂逐渐演变为公陂后，这些陂后来就废除了。

三、明代的维修和改建

明代建国之初，由于长期战乱、农村凋敝、土地荒芜，朱元璋采取了一系列屯田垦荒、兴修水利的措施，并且大辟言路，要求全国各地方官员，凡是百姓对水利的建议，必须及时报告，"明初，太祖诏所在有司，民以水利条上者，即陈奏"。充分体现了对兴修水利的重视。当时江西万安县有一民众匡思尧向朝廷上书，请求朝廷派遣官员并督饬本地官员来乡主持修筑陂圳。匡思尧在给朝廷的上疏中说："臣居乡井，以耕为本，输贡粮税由斯，而供田非水莫救，水非圳莫通。本村田连数百顷，沟洫未疏，禾苗悉皆枯死，生民悬命，差粮虚负，父子化离，深为民瘼。幸沐恩圣朝，大辟言路，诸凡利病，许军民叩阍直疏，敢冒死上渎于陛下，乞赦庸愚，俯纳荛菲。……臣今不避斧锧，填图画形，敢冒奏宸听，乞下饬差官，同江西使司廉能官员亲诣本县，起集乡夫，将前奏图式宽岸圳堵堪足，注水开筑陂、圳二所，直从图形指处开圳。圳若有犯沿途田塘，臣愿收粮入户，承应差徭，国供时赋。"[1] 据同治《万安县志》记载："匡思尧，六都人。洪武时以草莽臣上

---

[1] 同治《万安县志》卷十七《文翰志》。

疏通水利，以纾民难。辞理恺切，上俞之，采思尧所陈诸图，命官邓南一、易祥可专理疏凿，复令周视天下沟渎川渠，宜开导者无俾障塞。"匡思尧的上疏得到朝廷的肯定，并派出官员视察督修各地水利。

槎滩陂是江西最大的水利工程，而朝廷又对江西水利特别重视，正是在这样大兴水利的形势下，槎滩陂经历了一次大修。据族谱记载："洪武二十七年（公元1394年），太祖高皇帝诏谕天下修筑陂塘，钦差监生范亲临期会，鞭石修砌坚固，自此赡用减费。"① 这次修筑甚至有钦差亲临，用石头进行了改建，自此以后，维修费用得以大大减少。具体改建了陂的哪一部分，如何改建，没有记载。

到了宣德年间（公元1426—1435年），钦差再次光临督修槎滩陂。据《槎滩碉石陂事实记》：

> 宣德间，斡人胡计宗私将典与陂近蒋辉章等，时则有若钦差御史薛部临修筑。

这次修筑的具体情况不详，一位姓薛的钦差御史来督修。

此后，大约在明代英宗、宪宗时期，沧州村胡塞庵曾经对槎滩陂进行过维修：

> 先生姓胡，名闻，字僮聪，号塞庵。其先，有曰文美，由长沙醴陵徙吉之庐陵，仕至银青光禄大夫。……乡有槎滩、碉石二陂，灌田六百余顷。每罹洪流冲决，辄率众修筑，以

---

① 《泰和南冈周氏漆学士派三次续修谱》第十册《杂录》，1996年铅印本，第353页。

永民利……生永乐戊子（公元 1408 年）八月二日，殁弘治甲寅五月十一日，享年八十有七。①

据胡直《衡庐续稿》卷十《旌祖顺菴公墓表》载："乡有槎滩陂，灌两乡九都，宋中元末，五姓筑陂，吾胡氏其一也。至是陂圮，公与众姓鸠力修筑，两乡利赖如先世焉。"具体年代不详。疑塞庵即顺菴，他们是同一人。

成化至嘉靖年间，义禾田村胡资敷和胡时练也曾捐资对槎滩陂进行维修：

资敷，讳渤，号南园。常捐金助修槎滩陂，生天顺癸未（公元 1463 年）八月十四，卒嘉靖癸卯（公元 1543 年）九月二十二。②

时练，讳顺，一讳钢，号钝从，君南昌府新建县铁柱观，后以输粟授冠带，尝割田一亩二分以助祠祀，又捐金协修槎滩陂。③

另外，正德年间（公元 1506—1521 年），义禾田村胡国用"尝捐重金续修槎滩陂"④。

以上一百多年间，胡氏家族对槎滩陂多次捐资修筑，都是一般性的维修。一般记载为修筑、助修、协修或续修。而规模较大的维修，则称为重修。明代另外一次重要的维修和改建，应当是

---

① 《明故胡公承事郎塞庵墓志铭》，见高立人编《庐陵古碑录》，江西人民出版社 2007 年版，第 244–245 页。

② 《（泰和）胡氏族谱》第三册，1996 年铅印本，第 198 页。

③ 《（泰和）胡氏族谱》第二册，1996 年铅印本，第 138 页。

④ 《（泰和）胡氏族谱》第四册，1996 年铅印本，第 65 页。

嘉靖十三年（公元 1534 年）严庄
村蒋氏人员的捐资重修。

1986 年，在槎滩陂考察时，
发现滚水坝坝面上两块石刻（图
2-6），一块条石刻着"嘉靖十三
年九月蒋氏重筑"字样，另一块条
石上刻"甲午严庄蒋重修"字样。
查嘉靖十三年正是甲午年。因此，
这两块条石都是明代嘉靖十三年
（公元 1534 年）蒋氏重修留下来的。
《民国二十七年重修槎陂志》对此
也有考证："据蒋氏谱载，蜀府纪
善蒋子夔自撰谱序，有'逸山公筑

图 2-6　明嘉靖十三年九月蒋氏重
筑石刻

修槎陂'语证，以现在槎陂之石尚刊有严庄蒋氏重修等字，亦足
征信。"对比石刻和蒋氏族谱，可以认为，嘉靖十三年，曾有过
一次规模比较大的重修，这是继元代李英叔用条石改建和明初"鞭
石修砌"后，第三次用条石改建土石陂的工程，而且用条石改建
了陂体。

具体修筑人，则不是很清楚。因为蒋子夔是明初时代的人，
生于洪武三年（公元 1370 年），殁于天顺四年（公元 1460 年），
曾任蜀府纪善。而蒋逸山是元代人，他们不可能是嘉靖十三年的
修陂人。

关于蒋氏修陂事迹，蒋氏族谱中有一些记载：

泰和西鄙溉田有槎滩陂，耕凿其间者凡几著姓。槎滩之下有余家陂，世族严庄蒋氏之先世逸山提举独捐私田二亩赡力修筑，决渠引流，灌溉都鄙。厥后逸山以下之三世孙子文、子修、吾敬、吾贯、吾望，续捐己资，买田四亩赡筑，供费倍于昔日，历世享有富贵。

乃者兼并之徒，壅害可恶。蒋氏清明佳会，族尊时利、时万命其弟时介协诸姪孚华、孚宣、孚登、孚顺、孚久、孚惠、孚尧、孚沧、孚胙、其蹞、其珍、而宴、而槽、端贤、端继、其美，而曰：匪为于前，虽美弗彰；莫承于后，虽善弗扬。捐田赡陂者，为吾祖父；坐视頹壅者，为吾子孙，可乎？孚简君读书乐劝人善，即贺而赞成之，诸彦神气振拔，始事以弘治乙卯三月望后二日集力，陂石倾者补之，水道壅者开之，不刚屈，不柔抑，行所无事，旬月之间，灌溉之利，周便乡都，厥功伟哉！

这段记载说到蒋氏家族修筑余家陂的几件事情，值得推敲：

第一，余家陂位于槎滩陂下游，由蒋逸山独捐私田二亩赡力修筑，决渠引流，灌溉都鄙，是以槎滩陂水渠作为水源的分水陂。蒋逸山，是严庄蒋氏第二代，名宗周，字柳希，号逸山，元大德年间（公元1297—1307年）授袁州学提举。曾经舍田一石五斗，又与其他五姓共田七石，缮修槎滩、碉石二陂。

第二，蒋逸山的三世孙蒋子文、蒋子修、蒋吾敬等，继续买田，为余家陂维修提供经费。其中蒋子文生于至正十六年（公元1356年），殁于明宣德八年（公元1433年）。蒋吾敬，号隐溪，生于元至正四年（公元1344年），殁于明永乐六年（公元1408年）。因此，他们的维修行为应当发生在元末明初时期。

第三，弘治八年（公元1495年），严庄村蒋时利、蒋时万、蒋时介兄弟等人，因不忍坐视祖父赡修的陂产颓壅，而捐资对余家陂进行了维修。维修的内容主要是对被水冲坏的陂石进行更换、修补，对灌溉渠道进行了疏浚开通。

弘治八年维修余家陂及其灌溉渠道，也是槎滩陂灌区维护的一部分。这主要是出于蒋氏家族的利益，其中是否有对槎滩陂进行维修不得而知。不过，余家陂是槎滩陂灌溉系统的一部分，余家陂的水源来自于槎滩陂，因此，蒋氏家族于弘治八年（公元1495年）维修余家陂后，于嘉靖十三年（公元1534年）对槎滩陂进行一次规模比较大的维修，并刻石纪念，是合乎情理的。

蒋氏于南宋中期，由蒋季用自泰和县万合镇梅溪村徙居严庄村，蒋季用成为蒋氏开基祖。第二世蒋宗周元大德间授袁州学提举，及荐知万安县事；第三世蒋以义任五云提领，蒋以周任袁州通判，升会昌知州。蒋氏家族中为官或有文化者居多，对兴修水利也比较重视。

有明一代，槎滩陂的维修不断，除了官府督修外，胡氏家族和蒋氏家族都对槎滩陂进行了多次维修，又以蒋氏家族的投入多，维修量大。元代李英叔的那次改建，主要是对陂的基础进行改建，而洪武年间和嘉靖十三年的改建，则是对坝身的改建。通过这几次改建和完善，槎滩陂已经初步改变了土木陂体的结构，使陂的维修更加方便，维修量也减少很多。

四、清代的维修和改建

经过元代和明代的改建，槎滩陂的部分结构已经是用石头砌筑，清代的维修记录并不是很多。除非较大的洪水破坏，一般不

图 2-7　清乾隆年间重修槎滩陂石刻

用大修。清代较早的一次维修是清乾隆五十五年（公元 1790 年）的重修。1987 年 5 月，在滚水坝侧墙上发现半块条石上刻"乾隆重修"字样（图 2-7）。乾字磨损不清，其他三字清晰可见，系乾隆年间重修此陂留下的印记。另外，《民国二十七年重修槎陂志》目录中，有"乾隆五十五年重修呈文"一篇，但是正文中未见此文，可能当时也找不到这篇文章了。《民国二十七年重修槎陂志·文牍·水利局调查表》中也提到清乾隆年间省宪委员督修一次。

此外，螺江村周敬五于清道光二十九年（公元 1849 年）捐资重修，同治十年（公元 1871 年）重修，光绪二十四年（公元 1898 年）乡绅义禾田胡西京捐资重修。这几次重修的规模不是很大。

从元代开始，槎滩陂的灌溉系统渐趋完善。其作用除了提供灌溉用水外，还提供沿途村庄的生活用水。一方面，沿水渠的村庄四周，建有许多支流水圳，用以灌溉村庄四周农田。另一方面，这些村落旁都有分水陂，引一部分水流入村庄作为村民生活用水。而且许多村落中还挖有水塘，连接引水圳，以储蓄水量，构成村级的水利系统。爵誉村是其中的典型代表。村内就有所谓的"三支半水"，实际是三条水圳，加半条水沟，形成了爵誉村的供水系统（图 2-8）。

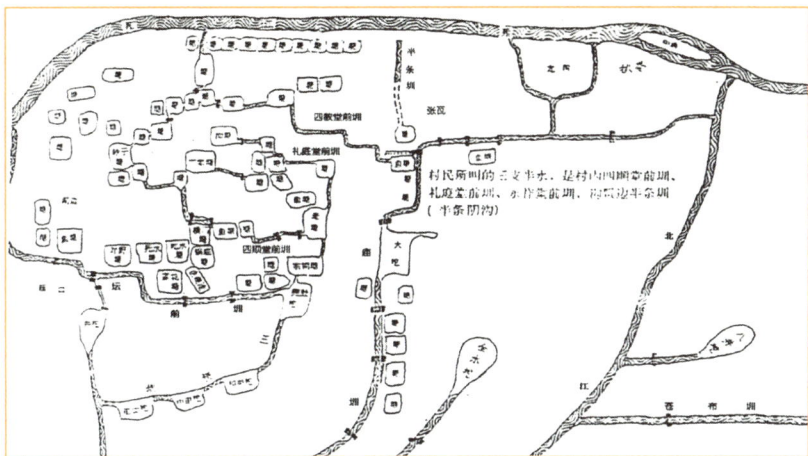

图 2-8　爵誉水域水利图

五、民国时期槎、碉二陂的维修

民国时期，槎滩陂和碉石陂都进行过多次维修。对槎滩陂分别是民国四年（公元 1915 年）和民国二十七年（公元 1938 年）两次维修，对碉石陂分别是民国二十五年（公元 1936 年）和民国三十年（公元 1941 年）两次维修。

（一）民国四年维修

民国四年的维修，没有很多资料。这年是乙卯年，农历五月二十六日，大暴雨加山洪暴发，泰和发生了特大洪水，县城水位在地平线上三米多，塘洲镇、万合等地四米多，蜀口洲的房屋大部分只露出一个屋顶，土砖房全部倒塌，木棚房全栋冲走，陈旧砖房也大部分崩溃。"是清末以来，我县水位最高，来势最猛，灾害最严重的一次洪水灾害。"[1]据《民国四年重修槎滩碉石二陂记》

---

[1] 中国人民政治协商会议泰和县委员会编：《泰和文史资料》第三辑，1988 年，第 63 页。

记载，当时，槎滩陂距离光绪二十四年（1898）的维修，还不到二十年，"洪水为患，败坏已极"。民国四年的维修，和这次特大洪水灾害有直接关系，不维修已经无法使用。

据《民国二十七年重修槎陂志·跋》，维修采用集资的方式，计田派费，"斗田派钱四十"，以及各乡绅的捐助。"除食陂水利者乐输亩捐外，远如湖湘、近若吉赣，俱已募捐，是陂之名愈著矣。"这次维修，在"大雪后四日兴工，大寒后七日告成"，历时一个月，维修的规模应该不是很大，由民间发起组织进行。

（二）民国二十七年重修

民国四年的维修后，又经过二十多年的运行，槎滩陂损坏严重，连年洪水冲决，致大、小两减水口（即两泓）及陂堤均损坏不堪。民国二十七年（公元1938年），抗日战争伊始，省政府迁驻泰和，省水利局随迁至上田库背村。在泰和热心人士的推动下，槎滩陂又进行了一次较大规模的维修。这次维修的起因，据当时代理泰和县县长鲁绳月回忆，他曾经"省览县志，得知槎滩、碉石二陂关系五、六两区农田水利至巨，顾久湮圮，民物凋敝，欲兴未能"，于前一年（公元1937年）的冬天，命五区长孙纯文，会同六区，商讨组织"重修槎、碉二陂工程委员会"，事未果而周鉴冰辞官乡居，目睹家乡水利久废，为之心伤，毅然以重修槎、碉二陂为己任。于是鲁绳月请周鉴冰负责此事。于当年六月六日，由各姓代表会议决议，成立了"重修槎陂委员会"，制定简章，提出"以重修槎陂，复兴水利为宗旨"，报请县政府批准备案，并颁发图记式样。

由此可知，这次维修是由当地热心人士发起组织，政府倡导并支持。

槎滩陂当时的状况，据后来呈送县政府的文牍指出："五、六两区境内之槎滩陂，横筑禾水上游，面积百余丈，流长三十里。分为新江、老江，辅以碉陂、箩陂，上自禾溪，下至三派，所有境内田亩之荫注、人民之饮料，俱惟陂是赖，为一邑有名之水利，是两区最要之工程。""迩年洪水冲决，以致农村凋敝，经费难筹，荏苒至今，败坏殊甚，倘不急起直追，恐将后悔无及。"于是江西水利局与县政府一再派员测勘，并绘制了工程图。

"重修槎陂委员会"会址设在南冈允升书屋。委员会设委员13人，主任3人，除五、六两区区长周心远、吴家诚两人为当然委员外，其余11位委员由各姓代表大会公推，具有广泛的代表性，使灌区内各姓家族具有共同的利益和责任。各委员的工作完全尽义务，不领薪酬。周鉴冰、康席之、郭星煌3人被推举为主任委员。委员会设立总务、财政、工程三股，各设股长，由委员中推举兼任，并由工程股在陂的附近设工程处，具体主持修缮事宜。

"重修槎陂委员会"成立后的首要工作是筹措经费。多方筹措经费，筹款渠道主要有：

①乡绅及各界捐款，又分为两类，一类为"不食陂水利者"，包括军、政、商各界人物，包括驻军司令、军长、师长、团长等，政府人员以及各商行、商号的富商，甚至在外经商的商人。他们与槎滩陂没有直接关系，响应捐款，数量不少，影响大；第二类是"食陂水利者"，主要是槎滩陂流域内的有钱人，捐款数量多。

②组织旅外同乡募捐，为此多次发函劝募，其募捐启事首先强调了槎滩陂对于民生的重要性，然后以恳切词语敦请各方捐款："在昔承平年代，犹多倡义之家；处今凋敝时期，难得急公之士。然而民生攸赖，国课所关，自应改弦更张，焉能因噎废食。况痌瘝在抱，本无此疆彼界之分；慈善为怀，当有救灾恤邻之举。

用是谨申微悃，广结福缘，冀当代仁人解囊乐助，愿四方善士援笔大书，款不虚糜，民沾实惠。饮和食德，颂生佛者万家；立志刊碑，垂勋名于百世。仁风广被，利泽长流。"以后又发了两次对旅外同胞的催捐函。

③抽收亩捐，原拟定亩收铜元十枚，但最后没有实行，也没有在最后的收入中体现。①

④政府资助，经由"重修槎陂委员会"申请，有关部门批准，泰和县政府补助 500 元，江西省水利局补助 1000 元。

经过各方努力，共筹集资金 4469.3 元，重修工程得以顺利进行并完成。

此外，还由政府出面，按照国民兵役法第四条之规定，凡年满十八至四十五之男子，均有服工役三日之义务，普遍征工。

整个工程历时两个多月，维修费用合计 3844.93 元。

这次维修，主要对陂堤和减水口进行了改建，具体的措施是：减水口用石块、桐油、石灰、水泥砌成，石与石之间，间用铁工字钉互相连系。这次重修，首次采用了水泥，但是用量少，只是在口门采用了一些。并在陂上设置大小泓口，供船、排通行。

陂体的主要部分，即所谓陂堤，则用三合土砌乱石。

至于副坝，仍然修建为土陂，土陂的修建方法：先用木桩钉成双行，次用木片连结，再次用竹簟铺下水一面，然后下土。最须注意者桩宜粗，更宜深入，土宜坚，更宜筑实（历来修陂在阿狮抗取土，因该处之富有坚性），底宜清去石块，以免倾倒发渗，

---

① 这一点在《民国二十七年重修槎陂志》周鉴冰最后的《跋》中有提到，"本会同人幸免陨越，受益田亩亦未派捐，此则层峰与诸大善士之赐也"。因此最后有"凡民可与乐成，难与图始，积习相沿，牢不可破"的感慨。

又水深处于下水方面，每隔六七尺，紧靠土陂横筑一段，以备万一冲决时，不至牵动全陂。

（三）对碉石陂的维修

碉石陂于民国二十五年（公元1936年）曾经按田派费重修。民国二十七年槎滩陂维修工程竣工后，于1939年2月成立了管理委员会，定名为"泰和县第五、六两区槎、碉二陂管理委员会"，作为槎滩陂水利系统的专门管理机构。并由该管理委员会组织，于民国三十年农历十一月初一日至十二月十八日，历时一个多月，对碉陂又进行了一次维修。由于法币贬值，这次续修用9479.78元，其中8000元由康步七和周万里两位捐助。槎滩陂历代维修大事见表2-2。

表 2-2 槎滩陂历代维修大事表

朝代	年代	人员	内容
南唐	公元937年	周矩	置陂产，资修陂之费
宋		周羡	增置赡陂田产，岁收子粒以给修陂之食。为槎滩陂修建寺庙
	皇祐四年（公元1052年）	周中和	为槎滩陂立碑，撰写碑文
	宋末元初	胡巨济和胡中济兄弟，其族弟胡麟昭、胡鼎亨	尝捐重金倡修槎滩陂，独修稀筑陂
元	元大德年间（公元1297—1307年）	蒋逸山	独捐私田二亩，赡力修筑，决渠引流，灌溉都鄙
	至正年间（公元1341—1368年）	李英叔	英叔以钱二万缗募千夫，凿石堤水，改建石基
	元末	蒋子文、蒋子修、蒋吾敬（蒋逸山三世孙）	续捐己资，买田四亩赡筑，供费倍于昔日

朝代	年代	人员	内容
明	洪武二十七年（公元 1394 年）	钦差督修	鞭石修砌坚固，自此膳用减费
	宣德年间（公元 1426—1435 年）	钦差督修	情况不详
	明英宗、宪宗时期	胡塞庵	每罹洪流冲决，辄率众修筑
	成化至嘉靖年间	胡资敷和胡时练	捐资协修
	弘治八年（公元 1495 年）	蒋时利、蒋时万、蒋时介兄弟等人	陂石倾者补之，水道壅者开之（修槎滩陂下游之余家陂）
	正德年间（公元 1506—1521 年）	胡国用	尝捐重金续修槎滩陂
	嘉靖十三年（公元 1534 年）	蒋氏重修	陂体条石刻"嘉靖十三年九月蒋氏重筑"
清	清乾隆五十五年（公元 1790 年）	省宪督修	滚水坝侧墙上发现半块条石上刻"乾隆重修"字样
	道光二十九年（公元 1849 年）	周敬五	捐资重修
	同治十年（公元 1871 年）	周敬五	重修
清	光绪二十四年（公元 1898 年）	胡西京	重修
民国	民国四年（公元 1915 年）		斗田派钱四十，历时一个月
	民国二十七年（公元 1938 年）	重修槎滩陂委员会	陂堤和减水口进行了改建，具体的措施是：减水口用石块、桐油、石灰、水泥砌成，石与石之间，间用铁工字钉互相连系。陂堤则用三合土砌乱石。

六、新中国成立后的维修扩建

据 1993 年版《泰和县志》记载，从 1952 年至 1983 年，槎滩陂先后进行了 4 次维修和扩建。第一次 1952 年，江西省水利局派人对槎滩陂工程进行勘测，鉴于原有渠道排水不畅，工程潜力较大，有扩建的必要。于是制定计划，安排投资，成立工程修建委员会进行扩建。加高加固滚水坝，维修延伸渠道。在坝身条石层上加一层 0.6 米厚的混凝土，相应延长和加高坝身。主坝长 105 米，最大坝高 4.7 米，并设 7 米宽的筏道。副坝长 177 米，高 4.1 米。设两孔排沙闸，新开南干渠，并拓宽挖深原渠道，使引水流量增至 6 立方米每秒，延伸渠道 31 千米。1953 年 7 月竣工，合计新增灌溉面积约 1.67 万亩，完成投资 13.15 万元。

第二次 1965 年，在今螺溪乡秋岭村马观庙石江口处兴建直径 1.1 米，长 130 米倒虹吸管，引水过牛吼江，灌溉范围覆盖江北和吉安县永阳农田 6000 亩；翻修加固滚水坝、溢流堰、筏道；新建分水鱼嘴、进水闸、节制堰各 1 座，泄水、分水、泄水闸共 30 座，合计新增灌溉面积 1.63 万亩，使灌溉面积达到 4.2 万亩；同年年底新开石山干渠，将灌溉尾渠延伸至石山乡，新建隧洞、渡槽各 1 座，灌溉面积增至 5 万亩左右。

第三次，将灌溉尾渠延伸至石山乡，新建隧洞一座、波槽一座，使石山乡旱田改水田 100 亩，一季稻改双季稻 8000 亩。

第四次 1983 年冬，加固加高大坝，用钢筋混凝土加固包裹，坝顶加铺 0.5 米混凝土。筏道、排沙间干渠也都进行了维修。坝长 407 米，主坝长 105 米，坝顶宽 7 米，坝脚宽 18 米，平均坝高 4 米。南北干渠和石山干渠总长 35 千米，有倒虹吸管 1 座、隧洞 1 座、

大小渡槽 246 座、分水闸 17 座、跌水闸 3 座。灌溉泰和、吉安两县的禾市镇、螺溪镇、石山乡、吉安县永阳乡 4 个乡镇农田 5 万亩。

至 1987 年，其配套工程有：

总干渠，自槎滩陂起，至禾市桥丰上三村西分源口止，全长 1.6 千米，可通流量 6 立方米每秒。

北干渠，又称北江，从禾市上山村总干渠分源起，至螺溪坤江村北支渠分源口止。跨越禾市镇桥丰、禾院、增庄、沙里、丰垄行政村，螺溪乡建丰、誉、转江行政村。全长近 11 千米，可通流量 3 立方米每秒，有效灌溉面积 27587 亩。下分东西两条支渠，共长 11 千米，有效灌溉面积 5700 亩。

南干渠，又称南江，从禾市上山村总干渠分源起，至螺溪罗步田村四二江合流止。跨越禾市镇桥丰、院垄、治冈、丰垄行政村，螺溪乡下西冈、中房、保全、三都、集丰行政村。全长约 13 千米，可通流量 2.8 立方米每秒，有效灌溉面积 11287 亩。

四二江，从禾市槎滩陂北干渠接源起，至螺溪三派村注入禾水止。跨越禾市镇增庄、丰垄，螺溪乡建丰、木垄、中房、保全、保健、集丰、郭瓦等 9 个行政村，全长 12.5 千米。原为槎滩陂老干渠，因地势低洼，沿线多靠筒车提水灌溉，受益面积不到 1 万亩。修南、北二干渠后，老渠以排洪为主，灌溉面积仅 900 亩。原名槎溪，因沿途有 42 条小溪、支渠注入本渠，故又称今名。

20 世纪 90 年代，槎滩陂又进行了扩建改造（图 2-9）。1993—1995 年，利用水利建设资金 523.23 万元，新建灌区渡槽 3 座、涵洞 1 座、拱涵 3 座、泄洪闸和节制闸 12 座、人行桥及交通桥 27 座，加固隧洞 510 米，南、北干渠防渗处理 1600 米，支渠防渗处理 1.2 万米。

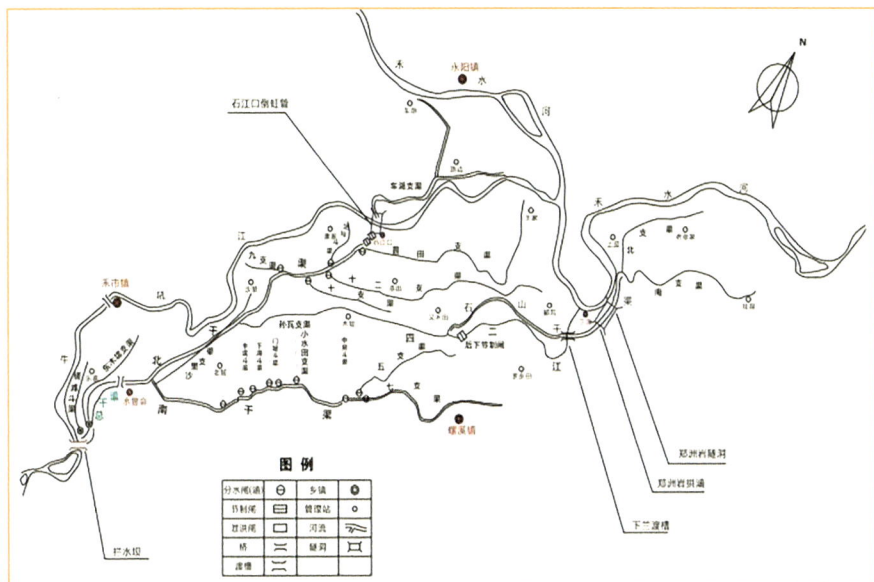

图 2-9 槎滩陂灌区图

1996—1997 年，利用县农业综合开发项目投资 178 万元，组织农民投劳 5.1 万工日，疏通渠道 9 条 3.5 万米，加固险工险段 29 处，渠道防渗处理 5100 米，修整拱涵、隧洞，完善和更新启闭机 10 座，修建交通桥及过水涵管 32 处。

根据 2012 年出版的《泰和县志》资料，槎滩陂属于县管灌区，2008 年，干渠设计流量 7.2 立方米每秒，设计灌溉面积 70395 亩，有效灌溉面积 61995 亩，实际灌溉面积 39090 亩。干渠长度 2.09 万米，支渠 2.5 万米，斗、农、毛渠 17.5 万米，渡槽 72 座，隧拱涵洞 4 座，倒虹吸 1 座，水闸 15 座，农用桥 17 座。

第三章　楼滩陂的管理及其演变

农田水利事业的组织形式，不仅取决于自然条件，而且受到了社会权力体系的制约，因而在不同的历史时期，同类的农田水利事业可能采取不同的组织形式。

楼滩陂之所以能够延续千年，其合适的管理方式以及适应形势变化而不断调整的管理模式，是其成功的重要因素之一。楼滩陂自南唐创建以来，它的管理方式经历了由"家族式管理"到"多姓家族共同管理"（乡族组织，宗族管理）到"公共管理"（或称官民合办，官助民办），以及新中国成立后由政府管理等几个发展阶段。它的资产性质也经历了由周氏家族的私陂到多姓家族的私陂，再成为公陂，最后成为国有资产的转变。这种转变，或许可以代表南方古代水利工程的一种普遍发展模式，具有典型意义。应该说，这种转变，是由水利工程的公益性质决定的，是一种逐渐进步的管理方式，它顺应了时代的要求，使水利工程能够发挥最大的效益。历代以来，真正成为造福一方百姓的民生工程。

第一节　周氏家族独管时期

楼滩陂自创建以后，南唐以及两宋时期，一直由周姓家族单独负责组织维修与管理，是一种"家族式民办"水利工程。

因为槎滩陂的创建是由周姓祖先周矩独资办理，所以自创建伊始就带有强烈的家族色彩，它最初的管理也是家族式的管理。它由周姓家族独自负责维修管理，可视为周姓的"家族资产"，其利益也主要由周姓家族分配。这一管理模式持续了三百多年。当然，由于水利工程的特殊性，它具有一定的公益性，它灌溉的土地范围，显然不仅仅限于周氏的土地。近陂田产，或者是靠近灌溉渠道的土地也会受益。因为初期的灌溉方式，很大一部分是车水灌溉，而不是自流灌溉。所以，通过车水受益，并不损害周氏家族的利益。这种公益性是槎滩陂灌溉系统后来能够不断完善，槎滩陂管理方式得以不断改进的基础。

整个宋代，这项农田水利建设的谋划与组织、资金筹集、劳力征派及日常的维护与管理，均由周姓承办。由周氏嗣孙周中和撰写的碑文说："先是，山田之入，皆吾宗收掌支给，由唐迄今，靡有懈弛。"所谓"收掌支给"，说明不仅槎滩陂的维护管理费用由周姓家族开支，收益也主要由周姓家族获得。周姓家族，自创建槎滩陂后，获得了很大的发展，这种发展和槎滩陂带来的经济效益有直接关系。两宋时期，槎滩陂是一种"家族式民办"水利工程。根据目前的资料，没有发现官方和地方其他力量参与其中的记载，槎滩陂可以说是家族性的水利工程。

从维护和管理经费来源来看，周矩创建槎滩陂后，就意识到维护是后期的重要问题。"既而虑桩筱之不继也，则买参口之桩山，暨洪冈寨下之篆山，岁收桩木三百七十株、茶叶七十斤、竹筱二百四十余担，所以资修陂之费，而不伤人之财。"大意是说，陂建成后，周矩担心后续桩木和佃竹不够用，又买了两座山，一座位于参口，用于出产桩木；一座位于洪冈寨，用于出产佃竹。

两座山每年可出产桩木 370 株，佃竹 240 余担，以及茶叶 70 斤，木材和竹条可用于槎滩陂的维护，经济作物产生利润可以用于维修水坝。购买山田有两个作用，一是解决维修材料问题，二是解决一部分维修资金问题。

解决管理维护资金问题的另外一个措施，就是《槎滩、碉石二陂山田记》所说的"乃税陂近之地"，对槎滩陂附近受益的土地征收一定的费用。当然这种征收应该是自愿的，也是必要的，否则，对槎滩陂的长期管理，单靠一个家族的力量，很难长期保证经费的来源。

这些措施强化了槎滩陂作为宗族资产的意义。使日常维护，也成为周氏家族的事情，一方面，是考虑到维修费用有来源，使这一工程能够持续发挥效益；另一方面，也间接向其他家族宣告槎滩陂是周氏的族产。

当然，从工程维护角度来说，槎滩陂初建时由于是土木结构，容易腐朽冲刷，日常的维护显得尤其重要。周矩的这一措施，也是考虑周全和有远见的。从大量准备桩木和竹条的情况分析，最初的维修工作，换桩木和竹条是非常重要的。

周氏的第二代周羡继续加强对槎滩陂的维护管理，增买田、山、鱼塘，以其租金作维修之费，使得维护费用有了进一步的保障。

周羡，字子华，号玉池，举贤良方正，仕银青光禄大夫，赠右仆射。据《槎滩、碉石二陂山田记》"二世祖仆射羡公以先公之为犹未备也，又增买永新县刘简公旱田三十六亩，陆地五亩，鱼塘三口，佃人七户，岁收子粒，赠以给修陂之食，而不劳人之饷。"周矩之子周羡认为，周矩的措施还不够完善，所以对槎滩陂增加投入，增加对维修经费的保障，为修陂人员提供粮食，并为陂修建了寺庙，在思想观念方面对陂产和陂权加以强化。

关于周羡，《二世祖仆射公传》："公讳羡，号子华，御史公次子。初生时，御史公先夕梦帝赐青钱一方，金印一颗，赤光异香满室，次早遂生。公方五岁能题诗，聪颖过人，总角有巨志。弱冠以贤良方正举，历官二十余年，典金马石渠，累赐奇珍，恩遇甚渥。常奉敕清查诰命文卷、督理城池兵马。时群盗充斥，主帅欲滥杀胁从以为功。公立辨其枉，所全活甚众，特进银青光禄大夫。未几，引疾归，每念御史公创陂之艰，捐俸置田租，增每年修筑费，建长兴寺于本里，施田住持，岁供先祀，卒赠仆射，至今称为仆射公云，详《西昌大记志》旧郡邑志有传。"

由于槎滩陂效益显著，灌溉范围广大，管理维修的任务重，工作量大。而且由于周姓家族自槎滩陂修建后，后代多为官，出现了"不遑家食"的情况，对于家乡的田产疏于管理。宋仁宗天圣年间（公元 1023—1032 年），家族众多成员中有管理能力者相继考中科举并走上仕途，周姓家族对槎滩陂水利的管理形式开始发生变化，由家族人员直接管理变为委托"有业者"代管。于是把"前之山、地、田、塘，悉以嘱有地诸子姓理之"，即把有关的陂产委托他姓打理，赡陂的经费基本由其他族姓来获取，虽然经费的使用权，仍然在周姓家族手里，但是，这可以看作是其他族姓参与槎滩陂管理事宜的开始。这种情况在周姓族谱中也有反映："吾宗贤而掌事者八人迭中科目，于是分托各都凡有业者理之。"[①] 这种转变，对后来的管理方式产生了重要的影响。随着时间的推移，周姓家族的控制权逐渐松懈，其他姓氏宗族开始参与

①《泰和南冈周氏漆田学士派三次续修谱》第十册《杂录》，1996 年铅印本，第 353 页。

槎滩陂水利的事务。

为了进一步确立周姓家族对槎滩陂的管理和所有权，周羡之四世孙周中和又撰写陂记，并立碑于三派寺院，其目的就是以碑文的形式并借助于神灵力量来确立其家族对槎滩陂水利的所有权，这块碑的记载也被后世认为是周姓创建槎滩陂的见证。

周矩和周羡在购买山、田、鱼塘等陂产，为陂的维修筹措经费时，都强调了"不劳他人之财"，体现了独家管理的思维。这可能是当时的经济实力是周氏一家独大的局面。但是，进入元朝以后，随着槎滩陂流域经济的发展，其他族姓迁入和崛起，而这些家族也具有较强的经济实力，其他族姓要求参与管理的意愿越来越强烈，周姓家族对槎滩陂水利的管理出现了弱化趋势。

宋末元初时，胡氏兄弟出资维修槎滩陂，就是这一变化的体现。这一方面说明，周氏独管的局面正在被改变，在最重要的维修资金方面，周氏已经难以独家支撑；另一方面也说明灌溉效益在扩大，受益的族姓在增加，各族姓已经逐渐参与到日常管理中。

槎滩陂的受益，据碑文记载："均受陂水之利，而不得专利于一家。宁待食德之报，而不必食田之获。"受益的不止周姓一家，流域内的居民均有受益的可能。

由于灌溉区域覆盖多姓家族的田地，随着区域内地方社会结构和宗族力量的发展，其他家族强势参与成为一种必然。槎滩陂的组织管理形式发生了变化，周姓家族对槎滩陂的管理逐步弱化，过去那种由周姓独管的状况，开始变成由周、蒋、胡、李、萧五姓轮流管理，成为一种"乡族式民办"的管理方式，即进入多姓家族共管时期。

当然，这一转变是逐步发生的，其内因，是周姓家族后代重视科举，重视为官，因而对槎滩陂疏于管理，外因则是外姓家族的介入。当然，这种转变也是一种必然的趋势。因为虽然槎滩陂是由周氏创建的，但是水资源是公共的。

第二节　多姓家族共管时期

实际上，对于槎滩陂这种在当时比较大型的水利工程来说，单靠周氏一家的力量来管理和维持运行，在财力和管理能力方面都是很吃力的。我们从宋代以后几次大的维修都是由其他家族出资就可以看到这一点。周氏家族的赡陂田产，基本上只能保证日常的维护需求，而大规模的维修改建，则需要另外筹集资金。因此，对周氏家族来说，要维持槎滩陂的长久运行，扩大效益，也需要其他社会力量的帮助。

一、五彩文约（五姓文约）

随着槎滩陂流域经济的发展和社会结构的转变，南宋以后，流域内开始迁入一些比较有实力的家族，流域内的社会结构发生了变化，其他宗族力量有所发展。如李氏家族的第一代李公仪"字仪甫，初家袁州白芒，绍定间（公元 1228—1233 年）历官置制使，左迁南安大庾簿，解组归袁，过泰和南冈，爱其山水之胜，遂家焉"，是为南冈始祖，从此就有了南冈李氏。二世李禹辅，三世李仲明，至四世李英叔，李氏已是财力雄厚的大族人家。严庄村的蒋氏，第一世蒋季用，南宋中期由今泰和县万合镇梅溪村徙居严庄村（今螺溪镇老居村），成为蒋氏开基祖。还有萧氏家族等陆续迁入。这些家族都具有一定的经济实力。

这些家族的土地，也在槎滩陂灌区内，各大家族还修筑了自己的分水陂，如胡氏独修稀筑陂，萧氏则修筑文陂、桐陂、拿陂、白马陂，蒋氏修筑余家陂等，使用的也都是槎滩陂水源，能够获得良好的灌溉效益。但这种受益是被动的，有受周氏家族恩惠的感觉，因此在用水方面，李、萧、蒋、胡各大家族与周氏家族具有共同的利益，需要共同维护槎滩陂的正常运行。而在管理方面，则不满意周氏独管的局面，在这种情况下，这些已经具有一定财力和社会势力的家族，就有参与槎滩陂管理和维护的愿望。尤其是这些先后迁入的家族具有较强经济实力，出资对槎滩陂进行维修，能够提高他们对槎滩陂管理的话语权。实际上，元、明两代，胡氏、李氏、蒋氏先后有出资维修记录，反而是自元朝以后，周氏出资的情况没有看到。

最明显的例证，就是李英叔出资对槎滩陂的大修改建，明显提高了李氏家族在槎滩陂管理方面的话语权。从而使后来形成的《五姓文约》中，出现了实际上的四姓五个陂长，李氏独占两个陂长位置。李氏这次维修改建使大家看到，仅仅依靠周氏家族，很难完成对槎滩陂的有效管理，而其他家族的介入，使槎滩陂管理的队伍扩大，资金来源更广泛，能够完成对槎滩陂的较大规模的维修，这也是《五姓文约》形成的基础。

另一方面，在宋代的相当长一段时期内，槎滩陂的维修依靠周氏赡陂的祖产，如山、田、塘等的收益来维持。由于周氏家族逐渐把这些祖产委托他姓管理，这些祖产逐渐被侵占。这一时期，可能是出于经费的原因，没有看到有较大规模的维修记录。在维修经费问题上，周氏家族已经逐渐失去其主导地位，其他族姓强势介入，因此，对陂的管理，出现了权力分化的现象。而前文所述对罗存伏兄弟的诉讼案，为周氏家族和其他家族的合作提供了很好的契机。这种合作和以后的共管，使槎滩陂灌溉系统获得了新的生机，是槎滩陂灌溉水利系统第一次重要的进步。

自宋代天禧年间开始，赡陂田产逐渐被侵占，共同的利益促使各族姓联合起来，在元至正元年（公元 1341 年），共同出资，发起告官诉讼，夺回被"豪恶"罗氏兄弟侵占的陂产。告官之前，五姓宗族成员之间曾签订了一个私约《兴复陂田文约》，该文约如下：

> 太和州五十二、三等都住人周云从、李如山、萧草庭、蒋逸山等，今立约，为因云从祖周美大夫致仕还乡，见知高行、信实两乡九都田亩三十六万余亩，高阜无水涯灌溉，将钱买到永新县六十六都刘简公旱田叁拾陆亩伍分、陆地伍亩、房屋壹拾七间、火佃七户、鱼塘四口，将与槎滩永作赡陂田产。于天禧年间，有近陂六十四都豪恶，无耻小人罗存伏兄弟霸占前业，强横收取租利，妄招己业。私又将前田五亩、鱼塘一口卖与蒋逸山为业。云从思得有祖出田赡陂，被伊盗卖，有物不能继承，欲得告官，一人之身要钱用度，切虑人心不齐，恐后各人退缩，凭僧谢悟轩会集亲眷李如春、李如山、萧草庭、蒋逸山等到齐，三派愿对神歃血誓天，当众议约，云从情愿出身告官对理，约内李如春、李如山、萧草庭、蒋逸山等每人先出花银十两入众公用，恐本州差官踏勘，要银用度，日逐供给，自今立约之后，云从等再不敢退缩。其陂田争回，云从亦不敢擅自称主，徇私以为己业，永为赡陂田产。恐多要使用，照依前派，云从无得干预。日后如有一人不遵者，

罚银十两，入众公用，中间但有走泄私自送信者，子孙永堕沉沦，覆宗绝嗣，今恐无凭，立此文约一纸为照。

至正元年辛巳四月日约一纸付李如春执照

立约人：周云从、李如春、李如山、萧草庭、蒋逸山；

僧人：谢悟轩

这一文约透露出以下信息：第一，周氏作为槎滩陂创始人的地位，赡陂田产由周氏祖上置办仍然得到承认；第二，周氏对赡陂田产，到宋真宗天禧年间（公元1017—1021年），开始难以掌控，有被侵占的迹象；第三，周氏必须依靠其他各族姓的支持，才能夺回田产；第四，此后赡陂田产不归周氏独有，而是各族共有，周氏无权独自作出决定。

这一记载有一处明显的矛盾，罗存伏兄弟霸占田产究竟在北宋天禧年间，还是在元至正元年（公元1341年）？其间相隔三百多年。如果罗存伏兄弟霸占田产是在北宋天禧年间，又如何能够在至正元年把他行拘到官？从具体的情节看，在元至正元年的可能性更大，因文约的制定是在至正元年，很明确。那么宋天禧年间罗存伏兄弟霸占田产的事情就不存在，可能是误记，也可能是其他事件，但是可以看出，从宋天禧年间开始，周氏的赡陂田产就出现了纠纷。

这一私约经官府诉讼后成为官约。其内容大体相似，略有改动。这就是《五彩文约》，也称《五姓文约》，全文如下：

吉安路太和州五十二、三都陂长周云从、李如春、李如山、萧草庭、蒋逸山，今立约为周云从祖周美大夫致仕还乡，见知高行、信实两乡九都田三十余万，高阜无水灌溉，将钱买到永新县六十六都刘简公旱田三拾陆亩五分、陆地五亩、房屋一拾七间、火佃七户、鱼塘四口，与茶滩永作赡陂田产。于天禧年间，有乡人罗存伏兄弟，不合将业强横占，收租利，妄招己业。又将田五亩、鱼塘一口，盗卖与蒋逸山为业。周云从思知祖买田赡陂，有物不能继承，具状告。蒙本州知州处批，差兵廖思齐行拘罗存伏兄弟到官，连日对理招实，明白收监。今情愿请托亲眷蒋逸山、胡济川，一一吐退，原田地、佃客，还与周云从等为业收租，买木作桩，结拱用度。

递年请夫用工，修筑不缺，到今四百余年，不曾缺水，一向灌溉到于碉石陂，陂系李如春责令干甲萧贵卿用钱修（筑），直至文陂，桐陂、拿陂、白马陂，其助陂系是萧草庭用钱买石修砌，直至三派横塘口出。原周大夫有刻石碑记，系是三派院僧谢悟轩收执。

自今立约之后，各人当遵，但有天年干旱，陂长人等以锣为号，聚集受水，人各备稻草一把，到于陂上塞拱，如石倾颓，务要齐心并力扛整，以为永远长久之计。日夜巡视，不可遗（贻）误，庶使水源流通，万民便益。其租利，递年眼同公收，无自入己。如有欺心隐瞒，执约告官论罪无词。今恐无凭，故立五采（彩）描金文约仁、义、礼、智、信五张，各执一纸，永远为照用者。

至正元年辛巳五月二十五日，立约陂长周云从，义字号，李如春、李如山、蒋逸山、萧草庭；登约人：胡济川、罗伏可；僧人：谢悟轩。

轮流陂长收租：至正三年萧草庭兄弟、至正四年李如春、至正五年李如山、至正六年周云从、至正七年蒋逸山。

私约《兴复陂田文约》的签订是在四月，官约《五彩文约》的制定在五月十五日。至五月二十五日，各家再立《吐退文约》如下：

吉安府泰和州六十四都住人罗存伏同弟存实，今为原先五十二都爵誉南唐御史周矩，见高行、信实两乡九都，粮田三十六万余亩，高阜无水，捐资创立槎滩、碉石二陂，引水分陂，灌注前田，矩男十五仆射周美致仕还乡，继承父志，捐俸买永新县刘简公壮田三十六亩五分、陆地五亩、房屋一十七间、伙佃七户、鱼塘四口，皆为前修整之资，到今三四百年，灌溉不缺。近来存伏兄弟，不合恃近，横占前业，于内妄将早田五亩，鱼塘一口，卖与蒋逸山，随有前大夫孙周云从，纠族经理，具状赴告，泰和州差兵廖思齐等勾得存伏兄弟到官，对理明白，供招实情，愿央请亲邻蒋逸山、胡济川等，折中一一吐退所占田塘、陆地，归还周大夫子孙掌管赡陂。其碉石陂下，直至文陂，系云从纠同从李如春修筑，其下桐陂、拿陂、白马陂以至助陂，系云从纠同萧草庭修筑，直于三派口出。自今当立约吐退之后，从便周大夫子孙永远掌管，改召佃人承耕，以为万民方便。存伏兄弟及在场中证人等，皆不敢如前互占。今人用信，故立合同文约三纸为照。

至正元年月日。立吐退约佃人：罗存伏同弟存实；中证人：蒋逸山、胡济川、李如春、萧草庭；三派院僧：谢悟轩；代书人：罗伏可。

《兴复破田文约》和《五彩文约》确定了五姓轮流管理槎滩陂的形式。但两者之间又有一些不同，《兴复破田文约》是周、蒋、胡、李、萧五姓成员制定的私约，而《五彩文约》则是由官方制定的官约，它们表达了两个方面的内容：第一，私约的签订表明地方社会内部各大家族之间存在一种内生的平衡和制约机制，这种机制使得他们在槎滩陂的管理上能够取长补短，发挥优势，也使得这种合作能够持续下去，也反映了地方社会各种力量之间的平衡关系；第二，虽然官方只是象征性地参与，但官约的制定表明官府对槎滩陂水利工程的参与和影响，并在一定程度上能够决定槎滩陂的运行。

一个多月内，连续形成三个文约，诉讼成功，夺回田产，是各大家族共同努力的结果，也是各个家族势力共同博弈、平衡的结果。不仅为槎滩陂此后的维护和管理奠定了物资、经费基础，也宣告了官府对这一惠民工程的支持，而这在古代，是非常重要的，保证了槎滩陂此后能够在合理合法，且有官府保护的状态下运行。至此，槎滩陂多姓家族共管的局面正式形成，开始由周、蒋、胡、李、萧五姓轮流管理，成为一种"乡族式民办"水利工程。

轮流陂长这种管理方式，也成为江南地区地方水利管理的一种主要方式。它的特点是地方宗族结成联盟，成为水利管理的主体，也成为受益的主体。五姓宗族维护共同的利益，面对非受益区民众或其他力量的争夺，共同出面，进行协调与诉讼，不但影响了水利工程本身，也重构了由水利工程形成的地方社会的权力空间。相对于周姓一家的独管方式，"共有共管"方式有了明显的进步。对外姓和其他侵犯槎滩陂的行为，有更强有力的手段应对；对内，也有比较清晰的制度方法。

《五彩文约》签订后，立刻显示出它的价值和意义。签约的李氏、蒋氏、萧氏家族获得了对槎滩陂的共有共管地位，因此积极参与槎滩陂的建设和管理。此后，蒋氏、胡氏、萧氏都先后出资对槎滩陂进行了改建和扩建，使槎滩陂的灌溉系统越来越完善，灌溉效益越来越扩大。这样，就形成了一种潜在的管理模式，即周氏的赡陂田产用于槎滩陂日常的维护和管理，而大修和改、扩建则由其他家族筹资。这种模式虽然没有明文规定，但从实际效果来看确实如此，并维持了相当长一段时间，使槎滩陂在元代和明代得以不断改建和完善。

二、陂长制的确立

《五彩文约》形成后的一个重要变化，就是确立了陂长制。明确了陂长作为管理的责任人，对内对外实施一系列管理措施。陂长制的确立，在槎滩陂历史上是一次重要进步。

在槎滩陂水利事务的管理中，陂长是最直接的管理者。陂长大多是由各姓中具有一定功名的士绅或者在乡村社会中拥有一定威望的耆老人员担任（表3-1）。相对于一般百姓，他们大多有一定的知识，有广泛的社会关系，也有经济实力，社会经验丰富，他们或曾担任过官职，或者是商人和地主，拥有较雄厚的财力。

表 3-1　　　　　　　　　元代至明代年间各姓陂长

陂长	身份或事迹	时代	备注
周云从	乐善好义，修祠兴祭典	至正六年	爵誉村人
李如春	南安路推官	至正四年	轮流陂长
李如山		至正五年	轮流陂长
将逸山	袁州学提举，知万安县事	元至七年	轮流陂长
萧草庭	以蒙古翰林院割授湖南宣慰司，性慈善，乐施予	至正三年	禄冈村人，轮流陂长

陂长	身份或事迹	时代	备注
胡济川	好施予，尝修槎滩等破，又捐费修葺觉堂寺		义禾田人，《胡氏族谱》记载为陂长
周庸富	告复陂田	正德年间	
周碧奇			
胡朝柔	庠生		义禾田村
康鲁	贡生		爵誉村
周梦萱	廪生		高冈村
周曰阶	庠生		螺江村
胡以敬	监生	万历年间	义禾田村
萧旌贡	乡贡		罗步田村
蒋天叙	庠生		严庄村
李梦桂	廪生		南冈村
胡舜恺	贡生		义禾田村

陂长的责任，从文约来看，负责收取租金是一项重要工作，在此过程中，应该也连带负责对陂产从业人员的管理，以及矛盾纠纷的处理等事务。另外，还要负责对收取的租金进行管理，租金是公共财产，大公无私是非常重要的。第二件重要工作就是要保障槎滩陂的正常运行。初建时的槎滩陂，由于是土木等构筑，漏水严重，遇到干旱年份，来水量不够，需要用稻草塞拱，陂长需要动员收益区内的人员，集体行动，各家各户带上稻草去完成这项任务。因陂的损害等情形，要进行日常维护。

陂长制一直延续了几百年，一直到大约清中叶以后，由于赡陂田产的丧失，陂长制也就自然解体。

《五彩文约》形成后的另一个重要变化，就是对陂产的处置，陂产明确为五姓共有的公共财产。槎滩陂初创时，周矩和周羡父

子购置山、田等产业，作为赡陂的经费来源，是周家独有的财产。天长日久，逐渐被他姓侵占，经过这次共同出资诉讼后，明确成为五家共有资产。对槎滩陂维修的经费来源，有了一定的保障。

从这几个文约中可以看出槎滩陂管理方面的几件重要事情：

工程方面，买木作桩，结拱。每年的洪水期间，陂体会有一定的损毁，需要重新打桩、构筑，它是每年槎滩陂维修过程中比较重要的一项内容，也是经费支出比较大的一项。文约中特意提出，把赡陂田产的收入作为这方面的经费用度。文约中还规定了另外一件重要的事情，就是"塞拱"，由于当时的槎滩陂是土木结构，漏水严重，所以遇到干旱年份，就要阻止漏水，使尽可能多的水流入渠道，用于灌溉。用稻草堵塞这些漏水的地方，称为塞拱，凡是陂水受益人家，都有去塞拱的义务，由陂长组织人员进行。

经费方面，以每年收租的方式解决。这里的收租，是指对陂产从业人员收取租金，是否普遍对陂水受益人收取费用，目前没有看到有关记载。

这一文约，称为五彩，实际是用仁、义、礼、智、信，五种儒家基本道德准则来标榜这些家族的为人。五个陂长，各取一个字号，为文约的标识，周云长为义字号，其余四人应该分别为仁字号、礼字号、智字号和信字号。

民间传为《五姓文约》，而实际上只有四姓为立约人，轮流陂长也只有四姓参与，李氏家族有两人成为轮流陂长，胡氏只是成为登约人。

周姓族谱中也记载了族人对此事的考证和看法：

存伏偕弟存实，于元至正元年就近窃卖赡陂田五亩、鱼塘一口归蒋逸山，时爵誉云从公率族诉于官，官断归周，立约为据。而蒋逸山、胡济川、李如春、萧草庭、三派院僧谢悟轩等为之中证。是年五姓立五采（彩）描金文约五张，标立仁、义、礼、智、信字号，各执一张存据，我周云从公得义字号。其约有"吉安路泰和州五十一都陂长周云从、蒋逸山、李如春、李如三（一作李如山）、萧草庭，今立约"云云。约后载轮流陂长为萧草庭、李如春、李如三、周云从、蒋逸山等四姓五人，观其前有"五姓立约"之称，而约内所载及轮值陂长又仅四姓，彼此互异，世远难稽。[①]

　　周氏后人对于《五彩文约》到底是五姓立约，还是四姓立约，也有困惑，认为事情过去太久远，已经很难考证了。可能将《五彩文约》当作《五姓文约》是民众的一种误传。分歧主要在胡姓是否为《五彩文约》约定的陂长。文约中胡姓成员胡济川只是登约人，并没有成为陂长。而在胡姓族谱的记载中，胡济川却担任了陂长，具体记载如下：

　　　　胡鼎玉，行兴三，号济川，尝为槎滩陂陂长。旧有赡陂旱田三十六亩五分，陆地五亩，屋房一十七间，火佃七户、鱼塘四口，坐落六十四都地名江边，乡人罗存伏混侵称为己业，至正辛巳，公与爵誉周云从、南冈李如春、严庄蒋逸山、罗步萧草庭各捐花银十两措费，白于太和州守，理复前业，历年收租赡陂，立有五彩描金花栏仁、义、礼、智、信字号，钤印官约，并私约各五张，俱收见存。

　　① 《泰和南冈周氏漆田学士派三次续修谱》第十册《杂录》，1996年铅印本，第364页。

关于元代胡氏是否参与了槎滩陂水利管理，或担任陂长，胡姓族谱记载与周、李两姓族谱的记载存在着明显的不同。按胡氏族谱记载，胡济川曾经担任陂长，并且是《五彩文约》的立约人之一，有收藏的字号为证。究竟谁是谁非，也很难考证清楚。不过，无论胡济川是否担任了陂长，他作为中证人参与了此次纠纷是毋庸置疑的。从胡姓成员多次参与槎滩陂的修建及水利纠纷来看，自元末特别是明代以来，胡姓宗族在槎滩陂水利事务中也有着比较重要的地位。

据《泰和胡氏族谱》记载："嘉靖壬戌，丈量攒造黄册，以周、蒋、胡、李、萧五姓立户。"就是说，明代嘉靖四十一年（公元 1562 年），政府实行黄册制度，并对全国土地进行丈量清查，槎滩陂的赡陂田产归入五姓宗族户名下管理，其租利存入五姓宗祠，作为槎滩陂日常维修经费，这一情况说明，直至明代嘉靖时期，五姓宗族联管的方式基本没有改变。

第三节　宗族管理的弱化和公共管理时期

虽然从明代开始，槎滩陂水利管理开始有官方的介入，出现了短暂的"官督民办"，或者"民办官助"的形式，但是，"民办"性质一直没有改变，其日常维修费用，以及大修费用都是来源于地方民众，且其维修与管理都是由五姓宗族实际负责。槎滩陂仍然是以地方社会力量为主的民办工程，《五彩文约》中所规定的五姓宗族管理形式得到延续。但是，随着，私陂向公陂性质的改变，这种宗族管理有明显弱化的趋势，宗族管理逐渐向公共管理过渡。

虽然元代通过《五彩文约》确立了多家共管的制度，槎滩陂流域内五大宗族在水利使用与管理及维护上，基本仍能遵照元代时立下的文约，相安无事，各宗族轮流管理、共同维护，但是不等于矛盾完全消除。五大家族之间的矛盾，外姓家族侵占陂产的事情，都不断发生，使得宗族管理逐渐弱化，槎滩陂由宗族管理的资产逐渐演变为公共财产。另外一方面，由于槎滩陂灌溉面积的扩大，要求受益的农户越来越多，不仅仅限于五大家族，槎滩陂的公益性质越来越突出，私陂逐渐演变为公陂。

一、五姓家族之间的矛盾和陂产的丧失

五姓共管这种管理方式到后期也存在一些潜在的问题。即周氏家族一直要维护其槎滩陂创始人的地位，并对槎滩陂拥有所有权，这是其他家族不愿意看到的，因此产生矛盾。另外，进入明代以后，通过几次大的改建，槎滩陂已经脱胎换骨，部分陂体改为砌石，其日常的维护费用大大降低，而赡陂田产又不断流失，因此周氏对槎滩陂的话语权越来越低。以至清代同治年间写《泰和县志》时，甚至否认有赡陂田产一事，说"田产久已无考"，这个"久已无考"，到底有多久，现在很难考证。至少从乾隆十八年修《泰和县志》称槎滩陂为公陂开始，田产已经不起作用了。

另外，几次大的改、扩建，都是由李氏、蒋氏、胡氏和萧氏等家族进行，他们对槎滩陂的贡献也是有目共睹，非常重要的。例如，元代至元年间李英叔重修槎滩陂后，有人称其为"李公陂"，周氏家族的人，显然不会承认这种说法，因此周氏家族与其他家族的矛盾日渐加深。这种状况也导致宗族管理的弱化，槎滩陂的管理进入"公共管理"的时代。

槎滩陂自创建之初，由于是土石结构，日常的维护相当重要，

周氏家族特置赡陂田产。这些赡陂田产在相当长的一段时间内，对槎滩陂的正常运行起到了举足轻重的作用。至元代《五彩文约》形成后，赡陂田产转为五姓家族共同管理的陂产，它仍然是槎滩陂维护经费的重要来源。至明代中期，陂长制仍然运行。

自元代开始，宗族间在赡陂田产的所有权、槎滩陂的文字记载等问题上存在着纠纷与斗争，以及水利问题导致五大宗族与周边宗族关系问题。《五彩文约》签订时，罗氏兄弟私自把田产卖给蒋逸山，显然蒋氏与周氏家族在赡陂田产方面存在矛盾，据周氏族谱记载，明代嘉靖以前，周氏赡陂田产先后两次被侵占：

> 洪武二十七年，太祖高皇帝诏谕天下修筑陂塘，钦差监生范亲临期会，鞭石修砌坚固，自此膳用减费。永乐间，叔祖均应以能复掌其事。吉安千户所军人南仲簏欲挟为己有，兄六奇以不平诉于府，得白。宣德间，幹人胡计宗私将典与陂近蒋恢章等，时则有若钦差御史薛部临修筑，碧奇复具情诉之，蒙不没前人之善，追给子粒银货入官，原田断归本族。[1]

永乐年间（公元 1403—1424 年）吉安千户所军人南仲簏将赡田陂产占为己有的事件，以周姓家族成员周六奇为首的五姓宗族诉讼于官府，结果应该是官司胜诉了，军人南仲簏想要侵占田产，没有得逞。

宣德年间（公元 1426—1435 年），又有佃户胡计宗私自典卖陂产事件。在周氏族人的努力与地方官府的裁决下，周氏最终得以保全被侵占的陂产。

---

① 《泰和南冈周氏漆田学士派三次续修谱》第十册《杂录》，1996 年铅印本，第 354 页。

正德年间（公元 1506—1521 年），周庸富等人向官府兴诉，将被其他姓氏族人侵占的赡陂田产追回，并以其名立户：

> 至正德间，又往往睥睨于陂近之豪党。周（庸）富乃能奋义率诸子弟白于巡院，谳平于邑侯之庭，复责诸胥里，偕诸乡耆丈量画图，改立周（庸）富嫡名为户，以永杜其争端，而先业赖以不坠。

> 庸富，字庸相，号半池，承先世为槎滩陂陂长，告复陂田，立嫡名为户，萧公士安记其事，而陂业赖以不泯者，公之力居多。

从这些记载中可以看出，居住于槎滩陂附近的有势力的宗族往往会侵占陂田，这种保护陂产的工作长年不断。正是这种不断的努力，使得槎滩陂能够长期稳定运行。但是，也可以看出来，此时，赡陂的田产始终处于被动的保护之中。与元代以及明初时期不同，那时面对来自外部的侵占，五姓一致对外，联合诉讼。而这时，只有周氏家族独自出来维护陂产利益。由此隐约可以看出，五姓家族之间的分裂已经显现。

争夺赡陂田产的纠纷，也发生在周、蒋、胡、李、萧宗族五姓成员之间，这种侵占更容易发生，而且对陂产的流失危害性更大，因为他们是田产的管理人员。明宣德年间（公元 1426—1435 年），就发生胡计宗私自典卖赡陂田产与蒋恢章事件，从而引发了五姓宗族内部的第一次纠纷。当时正好有钦差到此督办水利，由周氏族人周碧奇向钦差反映此事，在钦差的支持下，被侵占田产得以追回。

　　宣德间，斡人胡计宗私将典与陂近蒋恢章等，时则有若钦差史薛部临修筑，碧奇复其情诉之。蒙不没前人之善，追给子粒银货，入官原田断归本族。一废一兴，今幸全复旧矣。[1]

　　碧奇为槎滩碉石陂长时，佃人胡计宗将先公陂田八亩，盗卖与蒋恢章，樵与碧奇具告，蒙巡按窝复其业。[2]

　　蒋氏和胡氏都是五姓家族成员，佃人胡计宗十分清楚这八亩田地是陂产，在明白田产属性的前提下仍然将其典卖，也可能得到本宗族的默许，至少他清楚不会受到本宗族的干涉。而蒋恢章应当说也知道这些田产的性质，仍然与胡计宗达成交易。说明当时陂产已经难以管控的现象，五姓成员之间的这种买卖可能并非这一例，其他的违规现象也有发生。周氏家族与其他家族的矛盾开始显现。各家族成员在利益冲突面前，以私利为重，而陂产则视为公产。

　　这一事件的解决过程还透露出一个重要信息，即有些田产已经入官。这次是因为有钦差的支持，问题得以解决。但是，钦差到来只是一个偶然事件，一般情况下，入官的田产是很难被追回的，这或许是赡陂田产流失的一个途径。具体的过程，现在已经很难考证，这其中或许有五大家族内部人员的参与。

　　至成化年间（公元1465—1487年），又有蒋端潮、浮柔等强割陂田稻禾，侵偷陂石事件，经周氏族人周庸和等人向官府兴诉而得以解决。

　　① 《泰和南冈周氏漆田学士派三次续修谱》第十册《杂录》，1996年铅印本，第354页。
　　② 《泰和周氏爵誉族谱》第一册，1996年铅印本，第61页。

庸和，号介轩，生天顺庚辰，殁正德申。成化间，陂近蒋端潮、浮柔强割先世陂田禾，侵偷陂石，公具文道府，词拟重罪，具见成案。

这是比较明显的强占和破坏行为，经官见案，应该比较容易胜诉。但是，此类行为可能也并非个别。他们享受陂水之利，而且是蒋氏族人，那么其他族人可想而知，也会对陂产有所觊觎。

嘉靖三十九年（公元 1560 年），周氏家族与蒋、胡、李、萧四家族之间的矛盾越来越激化，终于到了对簿公堂的地步，这一过程，详细记载于《泰和周氏爵誉族谱》：

（周庸富子）方利，一名方，号半醒。嘉靖庚申间，邑侯杨公应东奉行丈量田。陂近蒋允倡其族人占丈陂田，公白于官。时蒋理屈，复纠胡、李、萧三姓为援，嗣任邢侯讳邢鞫其事，竟以贿挫公。公愤志而终。终之日犹怒目嘱族人顾以尸告。给蒙巡按陈、巡道谭委龙泉邑侯方潭清检勘，复委郡推任讳惟铛断复业，以周富立户，岁除原二十石供祭，以报御史、仆射二祖创陂施田之本。撰文勒碑记其事，详见公案。

蒋氏族人蒋充，借县令丈量土地之机，煽动其宗族其他人侵占丈量的土地，引起周氏家族的不满，告到官府，蒋充理亏，于是联合胡、李、萧各姓，以贿赂手段，使周方利遭到挫败。周方利愤恨而亡，并嘱咐族人要以尸告。可以说，这时周氏家族与其他四姓家族的矛盾已经到了难以调和的程度。从中可以看出四姓宗族要求消除周姓对陂产的专有权，而周氏则要极力维护之，五姓成员纠纷则已经带有宗族争夺的性质了。槎滩陂的五姓共管制度已经名存实亡。这一官司后来在周姓家族反复诉讼、上级巡视官员的干预下，仍然得以周姓立户，但是周姓也做出了妥协。

元代以后至明代，赡田陂产反复遭到侵占，对这一现象，明代泰和籍文人萧士安写道："予观周氏之陂田，始侵于罗存伏，云从复之；再侵于南仲箴，六奇复之；三侵于蒋恢章，碧奇复之。至正德间，又往往睥睨于陂近之豪党，周富乃能奋义率诸子弟自于巡院谳平于邑侯之庭，复责诸胥里，偕诸乡耆丈量画图，改立周富嫡名为户，以永杜其争端，而先业赖以不坠。"虽然周氏竭尽全力保护陂产，而且得到官府的支持，但是，明代以降，陂产在这种不断被侵占、不断诉讼过程中不断流失，以至最后赡陂田产不知所终。其根本原因，是槎滩陂由家族资产，逐渐向公陂转变，筹集经费的方式发生了变化。

陂产丧失的另外一个原因，可能是由于日常维修费用的减少，导致对陂产的需求减少。洪武二十七年，槎滩陂用石头砌筑坚固后"自此膳用减费"，以后又经过不断改建，石头结构逐渐取代了土木结构的陂体，经常性的维修费用大大降低，也就没有必要那么多的田产用于专门维护槎滩陂，于是出现管理上的放松和赡陂田产被私自盗卖的现象。

二、私陂向公陂的转变

槎滩陂管理方式一个最重要的变化，是私陂向公陂的转变，从而使槎滩陂由宗族管理转变为公共管理。这种变化过程是水利工程的公益性决定的，需要相当长的一段时期，而且是一个渐变过程。其中夹杂了很多矛盾冲突，是围绕槎滩陂的利益各方相互斗争、妥协和平衡的结果。明清以来的中国传统社会处于激烈的变革之中，国家权力深入到地方社会的各个领域，产生对水利工程的影响，受益家族间的矛盾，受益方和非受益方的矛盾，由此产生了广泛的社会冲突。为了解决纠纷，地方政府、宗族、士绅卷入其中，改变了过去乡族负责制，产生了新的地方管理体系。同时，槎滩陂水利的组织形式也出现了变化。

资料显示，槎滩陂水利工程性质的变化有内因和外因的作用，是内外双重因素作用的结果。内部方面，流域区内四大宗族的发展，引起其在地方权力体系之中的变化，以及五姓管理团体内部的矛盾加深，引发了五姓宗族之间对陂权的争夺，宗族管理虽然名义上仍然存在，实际已经越来越弱化。私陂逐渐向公陂转变，管理人员的参与也越来越具有公益性质。槎滩陂水利管理最终变为了地方公共事务。特别是到民国时期，槎滩陂作为地方公共事务的性质得到进一步强化，民国二十七年重修槎滩陂时，以周鉴冰为首的重修槎滩陂委员会已经是完全不拿报酬的义务工作者。

这一变化的表现之一就是赡陂田产的丧失，赡陂田产是宗族管理槎滩陂的标志，它的丧失，不仅意味着周氏家族，也意味着签署《五彩文约》的其他几大家族掌管槎滩陂的时代已经过去。究竟赡陂田产是在何时完全丧失的，目前还很难下结论。至少在明末清初时，这一情况就已经出现。随着陂产的丧失，至迟在清代乾隆早期，槎滩陂已经成为公陂。乾隆十八年（公元1753年）修《泰和县志》载："槎滩、碉石陂系两乡四都灌田公陂，修筑按田派费。"同治《泰和县志》也记载说："惟周羡赡修田塘，久已无据，该陂为两乡公陂已久，后遇修筑，仍归各姓，按田派费，周姓不得籍陂争水。"

这些记载说得非常清楚，槎滩陂作为公陂已经很久了，所谓赡修田塘的事情也已经难以考证，按田派费的出资方式决定了它的公共性质。至少在清代乾隆早年间，槎滩陂已经是公陂，实际的年代应该还要早一些，可能在明末清初的时候。

随着槎滩陂性质的变化，槎滩陂的管理也随之发生了几方面重要的改变。

一是陂长制的终结。陂长制是五姓共管的主要方式，五姓轮流为陂长，体现了平等互利的原则，是槎滩陂早期的管理的主要方式。陂长的一个重要作用，就是负责收取赡陂田产的租利，随着赡陂田产的流失，陂长的作用日益减弱，最晚的陂长记载为明代宣德年间（公元 1426—1435 年）的周碧奇和正德年间（公元 1506—1521 年）的周庸富，都是周氏族人，此后未见有陂长记载，随着槎滩陂逐渐演变为公陂，其管理方式也逐渐由宗族管理转变为官民共管或官督民管的方式。宗族管理虽然名义上仍然存在，但公陂的定义已经清楚说明，陂长的角色已经逐渐被官方代替。

二是官府在槎滩陂维修管理方面事务的影响逐步深入。农田水利事业的组织形式不仅取决于自然条件，而且受到了社会权力体系的制约，因而在不同的历史时期，相同的农田水利事业可能采取不同的组织形式。明初，官府对槎滩陂事务开始介入，由于经过元末的长期战争，农业生产受到破坏，农村荒芜凋敝。朱元璋在全国倡导兴修水利，恢复农业生产，地方官员把兴修陂塘、堰坝等水利工程作为一项重要任务。正如正统九年（公元 1444 年）南京都察院右付都御史周铨所言："洪武间，命官于各布政司府州县，相其地势，可积水处即令开挑陂塘溉田，壅塞则疏通之。"① 为了恢复经济，巩固新建立政权的稳定，国家权力深入社会各个领域，对于这种影响一方的重要水利工程，官府虽然没有直接管理，但影响却处处存在，政府不仅仅把它视为一些宗族的私有财产，而且看作影响一方经济恢复和发展的关键工程，甚至钦差亲临槎滩陂。这种由中央政府督促、地方官员组织的维修方式，改变了那种由地方宗族势力自行负责的方式，也慢慢改变了陂产的私有性质，促使它朝着公益性的性质转变，这种影响越来越显著。宣德年间，钦差再次亲临槎滩陂，说明国家权力，或者说地方政府始终没有放弃对槎滩陂的控制，这种状况并没有因为朝代的更迭而改变，槎滩陂最终在清朝，完成了由私陂向公陂的转变。

官府的介入还体现在对水利纠纷的仲裁、用水利益的分配等方面。由于水利工程牵涉的社会面广，利益冲突显著，单一的家族势力或者是联合起来的家族力量难以解决问题，只能诉诸官方。官方的判决结果直接影响到槎滩陂水利事务的性质。在这双重因素作用下，槎滩陂的管理逐步演变为灌区内公共事务，这一过程，反映了地方社会的历史变迁，不仅是地方宗族竞争的结果，也是地方社会秩序变化的表现。这说明当一种事务涉及到地方社会的共同利益时，在短期内或许可以由地方某一家族单独管理，但是从长期来看，这种情形是难以维持的，不仅会受到来自社会内部的挑战，而且不为国家所认同，从而向社会共同管理转变，成为地方公共事务。这一过程促使私陂向公陂转变。

但是，这种公陂性质是相对于家族资产的私陂而言，它的公共性，主要体现在灌区内的受益群体。对于灌区外的民众而言，

① 《明英宗实录》卷一百二十二。

槎滩陂仍然与他们关系不大，对于地方政府而言，槎滩陂仍然是一种民间自治的方式。

三、公共管理时期

槎滩陂的陂产性质改变后，其管理方式也相应发生改变。虽然形式上一些大的家族仍然管理着它的事务，但是它的管理更多的具有公益性质，已经不仅仅为本家族或某些家族服务，而是全灌区内的事情，关系所有与槎滩陂有关人员的利益。这一点，在道光年间礼、刑二部对槎滩陂创建权的判决中可以看出："该陂为两乡公陂已久，后遇修筑，仍归各姓，按田派费，周姓不得籍陂争水。"这一判决，其实不仅仅是针对周氏，对槎滩陂灌区内所有受益人都是一样的。

管理方式的进步也拓广了槎滩陂维修经费的筹措渠道。

槎滩陂创建时，经费由周矩独家出资。作为周氏家族的私产，此后槎滩陂的维修经费，宋代时，主要来源于周氏家族的赡陂田产收入和受益人家的收费。元代自《五彩文约》签署后，槎滩陂的公益性质开始得到体现。其他各姓的乡绅捐资，成为大修的主要经费来源。但是，这时的槎滩陂名义上仍然是签约家族所拥有的资产，捐资维修的主要来源也限于签约的五姓家族。这种状况大概一直维持到清朝初年。

槎滩陂成为公陂后，经费筹集的渠道多样化，范围扩大。如清朝乾隆初年，维修经费出现了"按田派费"的筹集方式，这一情况在《民国二十七年重修槎陂志》一文中被反复提及。该文的《民国四年重修槎滩、碉石二陂记》中说："此番之修，去最近一次将二十年，洪水为患，败坏已极，需费匪轻。既仿乾隆间故事，斗田派钱四十。"该记载说明，乾隆年间，实施了"斗田派钱四十"的收费方式。是否更早就已经实施了，不得而知。这种收费方式是槎滩陂受益范围扩大，私陂向公陂转变的结果。

该文中《水利局调查表》也说："以往修陂之经过：据各姓谱牒纪载及父老相传，清乾隆间曾由省宪委员督修一次外，系由地方公正绅士董理其事，其经费或由个人倡义，或分向各方募捐，并抽收亩捐以补助之，但因范围颇大，时间甚促，亩捐多难收足。"《募捐启》："在创筑之初，修缮有田租出息，经变迁而后，收支无颗粒余存。"明中叶以后，槎滩陂维修经费的来源大致有以下渠道：

①陂产收入。明万历年间，仍然有少部分陂产收入，这种情形大概维持到清初时，具体时间已经很难确知，乾隆初陂产已经不复存在。

②按田派费。至迟在清乾隆时，实行了"按田派费"的资金筹措方式。一直到道光三年的《泰和县志》载："槎滩、碉石二陂，在禾溪上流，为高行、信实两乡灌田公陂。修筑历系按田派费。"同治年间撰修的《泰和县志》，以及光绪《泰和县志》记载相同："惟周羡赡修田塘，久已无据，该陂为两乡公陂已久，后遇修筑，仍归各姓，按田派费。"所以，"按田派费"的方式应该是清代槎滩陂筹集维修资金的一种主要方式。它体现了共同受益、共同出资的原则，是对以前家族式管理的一个改革，也是槎滩陂公共管理的一个重要内容。

但是，按田派费也存在一定问题，遇到歉收年份，派费有困难，不容易筹集。

③乡绅捐资。自元代《五彩文约》形成后，乡绅捐资一直是

槎滩陂大修经费的一个主要来源，捐资人一般都是槎滩陂的大户受益家族，具有较强的经济实力。

明清时期的槎滩陂也带有官督民修性质。所谓官督民修，主要是指农田水利建设的资金筹集、劳力征派、日常维护和管理是由官方组织，当地民众按照政府的督导，对农田水利设施进行兴修与维护。在资金的筹集方面，由地方官出面劝邑民捐谷捐钱；在劳力征派方面，由地方官出面劝借里夫，按亩摊派或者以工代赈；在日常维护和管理方面，由地方官出面成立诸如堰长、圩长、堤长、陂长等专门的水利管理机构和人员进行负责，他们负责农田水利的运营中的用水分配、制定用水章程、派分劳役和费用、及时发现水利设施出现的问题并上报等日常事务。

就槎滩陂而言，它的各种筹资和维修方式，说到底还是民修民办方式，政府的介入有限，是短时间和局部的。它的维修，一般根据需要，由民间自发组织形成。官方在劳力征派、日常维护等方面，未见有参与的记载。陂长的产生也是由民间自行约定。官方只是在民间产生纠纷或有难以解决的问题时介入。

筹资的范围，主要在槎滩陂灌区内的受益民众。非食陂利者的捐资，据说从明代万历年间就有，民国四年（公元 1915 年）张箸写《重修槎滩陂志》时，曾经提到《求仁志》一书，说万历年间重修，就有"他邑人助资"，这种情况可能确实存在，但是，这种助资的规模很小，只是道义上的帮助，对槎滩陂整体的维修应该作用不大。

四、民国时期官助民修

对于地方比较大型的水利工程，官府资助并督促，民力出财力主要是指农田水利设施的勘察谋划、组织领导、资金筹集、劳力征派及日常维护与管理由民间组织，此种兴修并非贯穿王朝的始终，而是呈现出一定的阶段性。

社会的变革带动了水利工程事务的变革。辛亥革命推翻了清王朝的统治，人们的思想观念也发生了很大的变化。民国以后，槎滩陂的公益性质得到进一步体现，它成为地方性的水利工程。即脱离了宗族式的管理，也脱离了灌区内自治的管理方式。民国二十七年（公元1938年）重修槎滩陂时，就反复强调它是"一邑有名之水利，是两区最要之工程"。它的管理和维修已经和地方政府密切相关。地方政府不但派出技术力量多次对槎滩陂进行勘测评估，而且直接出资帮助维修。

政府对于槎滩陂的维修工作进行全面的监督管理。重修槎滩陂委员会要报政府备案批准，政府区长为委员会当然委员。各项维修设计和规划方案都要报政府批准备案。政府则对施工组织、劳动力征派甚至安全保卫等各项工作给予协助与保障。例如在民工的征用方面，"按照国民工役法第四条之定，凡年满十八至四十五之男子，均有服工役三日之义务，普遍征工"，政府颁发布告，"从速催征。倘有故意延抗，可报由当地区署罚办"。可以说，政府给予了强有力的支持。

筹集资金的方式也更加多样化。民国四年（公元1915年）维修时，就出现了"不食陂之利者亦竟输赀"的盛况，说明槎滩陂的影响力在不断扩大，它的公益性也扩大到灌区受益民众以外。

民国二十七年的维修，由于农村凋敝，经费难筹，在政府的支持下，动员军、政、商各界人物捐款，甚至在外经商的商人，以至于在外工作的泰和籍有钱人，包括食陂利者和不食陂利者，

都在募捐范围之内。重修槎滩陂的意义则提高到"洵足以促进后方生产，增厚抗战力量"的高度。槎滩陂作为"全县有名之水利，最大之工程"，不仅使两乡四都的一方民众受益，也是足以影响泰和一方的公共工程。

这次维修，重修槎陂委员会组成，制定简章。13个委员中的11人，都是由各姓代表大会公推产生，其他两位委员为两区的区长。重修竣工后，又成立了槎、碉二陂管理委员会，主要人员仍然由这些人员组成，规定任期两年。最重要的是这些管理人员的工作完全是义务，"俱无给职"，没有报酬，确实体现了槎滩陂的公益性质。

第四节　新中国成立后槎滩陂的管理制度

新中国成立后，水利工程属于国有资产，其管理维修等事宜完全由当地政府组织进行，槎滩陂的公益属性得以完全体现。大规模的改扩建工程也得以进行，槎滩陂的灌溉效益得到很大提升。

一、管理机构

新中国成立后，各个大中型水利工程都在基建完工交付使用前成立管理委员会，人员机构列为事业编制，具体负责该项工程的管理。槎滩陂水利工程由泰和县水利局槎滩陂水利管理委员会负责保护、管理、维修，属泰和县水利局直接领导。至1989年，有管理职工38人。渠道设有6个管理站，专门负责渠系维修养护及供水、征收水费等工作。十一届三中全会以来，槎滩陂水利管理委员会进行了改革，建立了岗位责任制，开展多种经营，利用渠道跌水办起了两座小水电站。1982年摘得亏损帽子，实现了管理费自给。1986年总收入超过10万元，人平均产值3000余元。①1998年成立县水利电力总公司。2002年，县水利电力局更名为县水务局，槎滩陂水利工程管理委员会为水务局管理的副科级事业单位。主要负责灌区范围内防汛抗旱、发供电、渠道维护管理和水费征收工作。

二、工程岁修

每年秋冬，各个较大的水利工程都要进行岁修维护工作，由党政领导发动受益地区农民分段包干进行，清除淤积污泥、坍方，修复崩坏缺口， 填堵渗漏，加固险段，斩除渠边柴草，保证安全通畅。枢纽工程及渠道上的涵闸、隧洞、渡槽、倒虹吸管等水工建筑如有损坏、渗漏，由水管会备料，雇请技工或发动民工修复。较大的岁修工程，如大坝加高加固、灌浆或溢洪道、输水管的改建等则先行测址设计，报县领导或地区批准，拨出专项资金，固定专人负责进行。小型水利工程的岁修维护由当地乡村基层组织受益农民进行，规模较大、技术较复杂的则由县水电局派员测量设计，并进行技术指导。紧急的除险保安工作随时发现随时进行。

渠道清淤由受益乡（镇）组织村民实施分段包干落实。支、斗、农渠按谁受益、谁负担原则，由村、组组织清淤。县水务局对各水管单位的水利工程管理工作实行年度目标管理责任制，年初明确目标管理责任要求，年终考核评比。1996年，县政府出台《泰

---

① 吉安地区水电局水利志编辑室刘祥善：《泰和县槎滩陂历史文物考察》，江西省水利志总编室编《江西水利志通讯》1989年第2期，第61页。

和县小型水库管理办法》，进一步明确集体水利工程的管理责任，集体水利工程设施岁修及其渠道清淤，通过村组"一事一议"方式，由农民集资或义务投劳承担，工程技术指导和质量把关由镇水利水保服务站负责。

三、灌溉管理制度

按照县水利局的安排，槎滩陂灌区普遍建立了灌溉管理制度。灌溉管理制度经由灌区代表大会讨论通过。工程的枢组、总闸由工程水管会负责启闭，干渠分水闸、节制闸、泄洪闸由水管站掌握启闭，支渠由乡、村干部或管水员管理。门的启闭、各支渠分水量的大小，按照统筹兼顾、照顾下游的原则。有些地区还建立了轮灌制度。抗旱紧张时期，村干部分工分段负责，与水管会、水管站共同管理，严禁随意开闸、挖缺或在渠道堵水。根据旱情，分轻重缓急先灌白田，后灌湿田；先灌高田，后灌低田；先灌远田，后灌近田；先用活水，后用死水，实行浅灌勤灌，节约用水，科学管水。轮灌地区在必要时经临时协商调剂轮灌时间。1965年和1978年，县水利局先后两次组织人员对各主要灌区进行查整，清查核实受益面积，整顿灌溉管理和用水制度，发挥灌溉效益。

1990年始，国有水管单位对管水人员实行渠道分段、管水分片工作责任制。1997年，县政府印发《泰和县水利工程灌区管理暂行办法》，建立农田用水水权集中管理制度，全面推行水库同灌区水利设施联合运作、干渠流量分段、水量包干、受益村组按田亩配水的管理办法，以此满足农田用水之需。抗旱期间，实行干渠续灌、支渠轮灌办法，坚决制止随意开闸、破堤、拦渠引水和漫灌、串灌行为。伴随农村税费改革，2005年始，农田用水管理改为民主管理方式，跨村小（二）型水库、山塘、小型泵站，以及大、中型灌区支渠取水口以下渠道，按水系、渠系划定受益范围，并在受益区组建农民用水户协会，由协会民主管理灌区用水。2008年，全县有注册登记的农民用水户协会18个，加入协会组织的农户5147户，民主管理用水面积2360公顷。全县有效灌溉面积39373公顷，旱涝保收面积24193公顷，分别比1989年增加2480公顷、3193公顷。

四、水费征收

新中国成立后，实行以水养水办法，按受益面积征收水费。1963年以前，各工程的收费标准由水利部门和当地区乡政府定，或经灌区代表大会决定，标准不一。1963年，县人民委员会对缝岭、芦源、枫山、槎滩陂、梅陂、汤陂等6座中型工程规定统一标准：流灌每亩0.5～0.7元，提灌每亩0.3～0.4元。1964年改为征收稻谷，流灌每亩4公斤，提灌每亩2公斤。1965年又改收现金，流灌每亩0.6元，提灌每亩减半。1978年改收稻谷，标准与1964年同。1982年改为流灌每亩收现金0.92元，提灌折半。1980年，全县征收水费13.45万元。1988年随着灌区的扩大与水费的调整，当年收水费31.14万元。水费收入归各个工程水管会，用于管理和岁修维护。

1989—1995年，全县农用水费以实物计收，国有水利工程水费委托当地粮管所按当年粮食市场价结算代收。征费标准为：流灌每公顷150公斤稻谷，提灌减半；集体水利工程水费，由各乡镇按国有水利工程水费征收标准的70%征收。1996年，农用水

费实行全县统筹、乡收县管管理办法，改实物计收为现金征收，征费标准为流灌每公顷195元，提灌减半。是年9月，核定全县国有水利工程水费计征面积10453公顷，集体水利工程计征面积16353公顷。2004年，重新核定国有水利工程水费计征面积为10653公顷（含续建配套后扩灌面积），纳入县统筹的乡镇水利工程计征面积为3273公顷，其他未纳入县统筹的小型水利工程由产权归属单位自行商定征收。2008年，水费征收标准调整为每公顷210元。

为了更好处理水利纠纷，1991年建立了水政监察制度，成立泰和县水利执法领导小组，下设办公室于县水电局。1992年5月，县政府任命水政监察员45人。1996年7月，县水电局设立水政监察大队，对全县河道采砂、水资源利用、水土保持、水利设施保护实施监督管理，依法调处水事纠纷，查处水事违法案件，并负责水行政许可、规费征收和水法规宣传等行政执法工作。

南唐时初建的槎滩陂是一个家族性的水利工程，管理人员主要是周姓家族成员，周氏家族出资创建、出资维护，从所有权来说，它是完全的家族财产。五姓共管后，陂产性质发生了一些改变，变成了多姓家族共管的宗族资产。一直到新中国成立前，槎滩陂在形式上一直由当地的一些大姓家族在管理，表面上看，一直是民管。实际上，自创建开始，已经有了很大的变化。其变化过程如图3-1所示。这种变化，是由槎滩陂的水利工程的特性决定的。

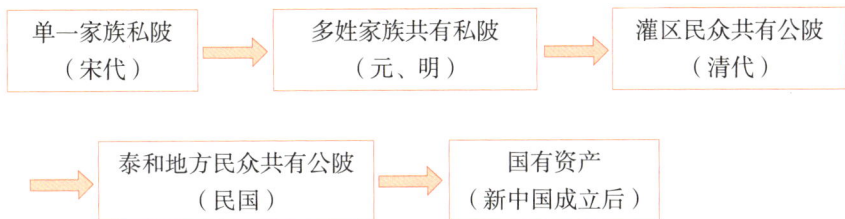

图 3-1　槎滩陂管理演变示意图

　　槎滩陂水利系统演变体现了当地社会开发的进程，也是吉泰盆地开发和发展的缩影，具有"在水利中看出中国社会历史"的意义。自南唐创建以来的千余年的发展历程中，随着当地社会人口、经济、环境的变化，槎滩陂水利系统的组织与管理形式经历了一系列的变化，大致可表现为：南唐至宋代时期的"周氏家族独修"、元代以来的"周、蒋、胡、李、萧五姓乡族合修"、明清时期的"官督民修"与"民修官助"和民国时期的"官民合修"等类型。这种管理形式的演变，不仅体现了槎滩陂流域不同族群的发展轨迹，而且也折射出不同历史时期国家权力与地方社会秩序的变化过程。另外，槎滩陂水利管理的演变历程，也折射出了国家政权对地方社会控制的变化过程。根据文献史料记载，槎滩陂水利系统自南唐创建至宋代，官府并没有参与其中，是一项周姓的"族产"；元代以后，特别是明清以来，官府和地方力量开始参与其中，当国家权力处于强势，对地方社会进行直接控制时，槎滩陂事务也由其负责组织；而当国家权力处于弱势，难以对地方社会进行直接控制时，则将实际管辖权交给地方权力体，由其向国家负责。

第四章　槎滩陂灌区水利社会与水文化

　　槎滩陂创建后，也为当地社会文化的发展创造了物质前提，流域获得了较快开发，促进了当地社会经济的发展、村落增加、人口繁衍、社会繁荣。以宗族和水利为纽带的社会文化日渐形成。围绕着槎滩陂的维修管理利益争夺，社会文化呈现出丰富多彩的局面。

　　由于槎滩陂水利工程的修建大大改善了当地的农业耕作环境，自五代末始，经历两宋和元代四百多年的历程，在槎滩陂灌溉区域内，地方社会得到很大的开发，流域经济有了较大的发展，槎滩陂创建之前，当地的村落并不是很多，宗族人口也比较少。槎滩陂创建后，地方各姓宗族得到繁衍，宗族人口和村落数量逐渐增加。槎滩陂水利工程成为促进当地经济开发和社会发展的重要因素，也成为当地社会或者说各村落之间联系的重要纽带。它为以后水利社会的形成创造了坚实的外部基础，也创造了槎滩陂流域丰富的水文化。

第一节　家族繁衍

　　家庭是社会的细胞，家族繁衍，人口增加，是社会发展的表现。与槎滩陂有关的家族自唐末五代以来获得到了很大的发展。它促使槎滩陂流域水利社会逐步形成并发展。古代的万岁乡和信实乡虽然也有不少其他家族，但是，参与槎滩陂管理的几大家族是这一地域社会的基础。

经济资源占有上的相对优势地位，是崛起大族的一个重要基础与外在表现。因此，家族的"兴"与"衰"，与之相伴的往往也是财产的"得"与"失"。在历代泰和家族崛起的过程中，以土地、山林、房宅、水利等为主要载体的地方社会经济资源也在进行着一种无声的再配置。衰落之家族是经济资源的流出所，它们处心积虑地预防也无法阻止家财的流失。兴盛之家族是社会经济资源的聚拢地，它们总是通过各种方式将地域财富占为己有。兴盛之家族与衰败之家族通过各种方式进行经济资源的争夺。

一般认为，儒、富、贵几种社会资源是家族崛起的重要条件。通过读书，科举入仕，从而实现家族的富贵和崛起，参与槎滩陂管理的周、李、萧、胡、蒋几大家族，基本上都遵循了这样的崛起和富贵路径，它们之间是相互为用的关系，又是崛起家族将既有资源转化为发展资源而实现再生增殖的根本机制。在家族崛起的过程中，其拓展社会资源的方式基本不受制度约束，这最终致使泰和地域社会资源分配格局呈现由分散到集中，乃至垄断的样态。所以，家族的发展和繁衍影响着槎滩陂的兴衰和命运。而反过来，槎滩陂的修筑和管理运行也为这些家族繁衍和发展奠定了经济基础。

除周氏家族外，槎滩陂流域内的其他大姓家族，如蒋、胡、李、萧等宗族都是槎滩陂修建以后，从外地迁移过来的，且其最初都具有一定经济实力，是单户家庭，经过两宋时期三百多年的发展，到元明之际才成为拥有许多房支及村落的大姓宗族。随着时代的变迁，特别是由于槎滩破的修建对当地农业生产环境的改善，流域区内各宗族得到很大的发展。到元朝末期，基本上形成了始祖—总房派—分支房—细支房四级宗族结构。而且，由于宗族人口的不断迁徙，相应地，也形成了始祖村—总房派村—分支房村—细支房村四级结构村落。以下以周、李、萧、蒋、胡等宗族为例，对这时期宗族的发展历程进行阐述。

一、周氏家族

周氏家族的开基人就是槎滩陂的创建者周矩，经过历代发展，周氏家族逐渐发展为泰和县的望族。明代泰和籍名人杨士奇在《周尚志哀辞》一文中说："仁山文水之间，世家巨族之盛，周氏其一也。"可以说，周氏家族的兴旺是因为周矩创建槎滩陂为其奠定了基础，在当地社会中确定了一定的地位。依托对槎滩陂的创建权和所有权，周氏家族一直管理着槎滩陂，并维护着其创始人的地位。

周矩，后唐天成年二年（公元927年）进士，约公元930年前后，周矩携家人由金陵（今南京）迁居于泰和县螺溪镇南冈村，创筑槎滩陂，声名卓著，累官至监察御史，成为当地周氏宗族的始祖，南冈村也成为其始祖村落。

周氏家族自二代时出现分化，周矩长子周翰和次子周羡分别从原来的大家庭中分离出来。周翰由南冈迁居漆田村，周翰在宋太祖建隆年间（公元960—963年）中进士，官至秘书郎史馆学士，所以周翰一支被其家族称为漆田学士房派。而周羡则由南冈村迁居于爵誉村，仕宋银青光禄大夫，赠右仆射，所以周羡一支被其家族称为爵誉仆射房派。自此，周氏家族由一个村落发展成两个村落，周翰和周羡分别成为两房派的房祖。学士房派和仆射房派是周氏宗族的两大总房，周氏宗族的众多村落都是由这两大房派繁衍而成。随着时间的推移，学士房派和仆射房派其后又分别发展成众多的分支房，分支房下又发展成众多的细支房。之后漆田村和爵誉村都发展为当地较大的村落，爵誉还发展为片村。

宋初时期的周氏家族可谓是显赫一时（表4-1）。自周矩以下，人才辈出，次子周羡之四世孙周中和为宋仁宗年间进士，官至尚书郎。在宋太宗淳化（公元990—994年）、宋仁宗天圣（公元1023—1034年）年间，周氏家族共有八人考中科举，走上仕途，庆历二年（公元1042年），周倚、周伦、周僎三兄弟和侄子周庆章同中进士，"一门四进士"震惊朝野。真可谓是"科举世家"。槎滩陂的创建带动了其家族的繁荣。

表4-1　　　　　　　　宋代周氏家族科举仕宦人物概况表

朝代	人名	科宦概况
后唐	周矩	后唐天成二年己丑（公元927年）进士，南唐金陵西台监察御史
后周	周翰	后周显德丙辰（公元956年）进士，仕秘书郎、史馆学士，赠平章
北宋	周羡	宋太宗太平兴国丁丑（公元977年）进士，仕银青光禄大夫，赠右仆射，崇祀乡贤，配李氏、尹氏，并封夫人
	周中师	真宗天禧四年（公元1020年）进士，仕翰林院大理寺评事
	周中直	仁宗朝登进士第，未仕
	周中和	仁宗天圣二年甲子（公元1024年）宋郊榜进士，仕朝奉大夫、太常博士，知英州，有善政，擢尚书屯田员外郎
	周礼瑞	仁宗景祐元年（公元1034年）甲戌进士，仕潭州路推官
	周倚	字中庸，仁宗庆历二年壬午（公元1042年）进士，仕桂林知府
	周伦	字中序，仁宗庆历二年壬午（公元1042年）进士，官承议郎
	周僎	仁宗庆历二年壬午（公元1042年）进士，仕通议大夫
	周庆章	仁宗庆历二年壬午（公元1042年）进士，仕朝奉大夫、尚书屯田员外郎

楼滩陂
古代乡村水利的典范

朝代	人名	科宦概况
北宋	周子逊	仁宗嘉祐元年丙申（公元 1056 年）进士，任副元帅、武翊大夫
	周疆	神宗熙宁乙酉宁（公元 1069 年）解试，徽宗大观三年己丑（1109）贾安宅榜进士，任平阳今，孝行详志
	周中正	贡举
	周瑾	岁贡
	周廷义	仕通事，宋太宗御赐诗有"兄弟膺鹗荐，叔侄总金鱼"之句
	周廷实	由征辟官至学士
	周廷训	官至供奉大夫
	周仲秉	宋淳化任诸王记室
	周仲超	任袁州司法，赐有御札
	周澄	又名十三郎，仕宣教郎
	周烈	字师成，官至学士、大夫
	周滋	字州润，仕衡州主簿
	周子言	仕都曹。
	周仲昭	仕江宁府君殿中丞，赠屯田员外郎，配曾氏，封京兆夫人
	周富之	赠武翊大夫
南宋	周克和	理宗嘉熙二年（公元 1238 年）隆兴补试，开庆元年（公元 1259 年）己未周震炎榜进士，仕承议郎、鄂州判官
	周金叔	理宗端平二年（公元 1235 年）进土，仕敷文阁学士；嘉熙元年（公元 1237 年），诏经筵进讲朱熹《通鉴纲目》，克日讲官
	周宗礼	理宗景定二年辛酉（公元 1261 年）进士，官至御史
	周洽	贡举
	周万石	孝宗淳熙癸卯（公元 1183 年）解试，仕南平丞
	周鄂	高宗绍兴丙子（公元 1156 年）解试，仕宣教郎
	周珪	孝宗淳熙元年甲午（公元 1174 年）解试
	周煜	孝宗淳熙七年庚子（公元 1180 年）解试，仕新昌丞
	周有德	孝宗淳熙十六年己酉（公元 1189 年）解试，仕袁州路训导
	周原蠹	仕都曹御史

朝代	人名	科宦概况
南宋	周叔文	中解元，仕建昌主簿
	周厚载	号世立，乡举
	周思翁	宁宗嘉定三年庚年（公元 1210 年）解试，仕临江训导
	周濬源	宁宗嘉定三年庚午（公元 1210 年）解试，官迪功郎，淮阳主簿
	周逢年	宁宗嘉定三年庚午（公元 1210 年）解试，官迪功郎
	周仪甫	按察照磨
	周淮	中州学士
	周朴	衡山县尉
	周厚重	号世明，寿官
	周道亨	字太庵，邑庠
	周念一郎	武昌嘉鱼令
	周立兴	迪功郎、潭州右司理
	周应龙	由直隶典史升贵州吏目

历代以来，周氏家族都是槎滩陂的主要维修管理者。自周矩创建槎滩陂后，其子周羡又增买山田，购置陂产，周中和撰写槎滩陂陂文，建立祠堂。元代以后，周氏家族适应形势的变化，周云从与其他四姓族人签署了《五彩文约》，与其他各姓轮为陂长。明清时期，周氏积极协调与灌区内各宗族之间的利益关系，使槎滩陂能够正常运行。从有限的资料看，明万历年间有周梦萱、周曰阶等周姓人员仍然担任陂长。清代周君五捐私财维修槎滩陂。到民国年间，重修槎滩陂委员会成立，周鉴冰为主任委员，主导槎滩陂的重修工作。周氏家族的水利活动成为槎滩陂水利社会活动的重要内容。

周氏不仅在人数上是泰和大族之一，在历史上也是乡间的望

族。据 1985 年泰和县姓氏统计数据显示，全县共有 133 姓，周氏是人口较多的 15 姓氏之一。历史名人有：周思翁（爵誉人）、周万石（爵誉人）、周中和（爵誉人）、周克和（爵誉人）、周作楫、周益三（漆田人）、周天舆（漆田人）、周是修（举冈人）、周鸣盛（漆田高冈人）、周金淑、周尚化（螺江村人）、周羡、周中复（爵誉人）等。

周氏之先祖矩公有两子，即翰公和美公。

周中和，信实乡爵誉人，天圣二年进士，知英州，有善政，官至屯田员外郎，其里有三大夫，中和其一也。周中和著有《屯田诗集》。

周噩，信实乡爵誉人，倜傥有器局，事亲孝，登大观三年第，终平阳令，虽跛足百里，而部使长吏争挽其长。

周是修，名德，字是修，以字行。洪武末，举明经，为霍邱训导。太祖问家居何为？对曰：教人子弟，孝悌力田。太祖喜，擢周府奉祀正。逾年，从王北征，至黑山，还迁纪善。建文元年，有告王不法者，官属皆下吏，是修以尝谏王得免，改衡府纪善。衡王，惠帝母弟，未之藩。是修留京师，预翰林纂修。

周是修是泰和人，为明代江西诗派的晚期代表作者。他主要生活在社会生活已趋于安定时期，以其所擅长的七古歌行，写了大量反映平民日常生活的作品，著有《诗小序集成》《论语类编》《家训》《纲常彝范》等。杨士奇作传云："周是修，讳德，以字行。周，吉之泰和爵誉里名家。其先讳矩者，尝显于南唐，至宋累累有科第，其支裔徙滩江里，是修之所自出也。"

　　周尚化，螺江人，天性孝友，操行清介，事父及两继母甚谨。以经魁登正德三年进士，出邳州……升刑部员外郎中，著有《青云楼稿》。

　　周克超，天性孝友，父没守殡，隣火炎延。超扶枢号泣，燎须发，毁左目，不去，须臾风返屋舍，无恙，远近叹为孝子，万历间崇祀建坊

　　周作楫，信实龙冈村人，由乡举，成庚辰科进士，选庶吉士，授缮修，历御史、给事中，出守贵州铜仁府署思南、都匀、兴义、遵义等府……著有《馆课诗赋》《拾慧遗吟》《山馆杂咏》。

　　至明清时期，周氏家族已经繁衍出大量的村落。表4-2中所列仅仅是周氏家族在螺溪乡和禾市镇的发展情况。而实际上，还有大量村落迁出到其他乡镇。如石山乡周家村，清乾隆间，周永奇自螺溪爵誉迁出。南溪乡周家村，明万历间周淳香从螺溪漆田村迁出。塘洲镇下周家村，明末，从螺溪漆田村迁出。马市镇周家村，清光绪间，周开喜从螺溪爵誉迁出。苏溪乡周家背村，南宋淳熙乙亥年，周敬成从螺溪爵誉迁马迹塘水库出口处迁出，称东溪村，元末明初移现址。栖龙乡周家坊村，北宋中期，周必荣自螺溪爵誉迁出立基。另有槎源村，南宋建炎间，周钧从永新厚田周家迁此，邑村旁溪水源自槎滩陂得名。这些村落在槎滩陂以外的地区繁衍，也成为周氏家族的一部分。

表 4-2 周氏族群在螺溪乡和禾市镇的村落繁衍情况

开基祖村	总房村	支房村	分支房村
南冈村	爵誉周家村	雁溪村，宋末，周确夫从爵誉迁此	
		上西岗村，北宋天圣间，周中慎从爵誉周家迁此	小水田村，明洪武间，周贵招从上西田村迁居岗下水田之中
南冈村	爵誉周家村	大夫第村，明洪武间，周文仲从爵誉周家迁此	
		凰驻山村，明洪武间，周仲良从爵誉周家迁此	
		东坑村，清顺治间，周瑞东从爵誉周家迁此	
		董田村，清乾隆间，周永泰从爵誉周家迁此	
		松山村	坤塘村，明末，周宗兴从松山迁此
	漆田村	螺江村，南宋理宗间，周彦中由漆田迁此	枧桥村，明末，周宗欧由螺江迁来
			岭头村，清康熙间，周宗仁从螺溪螺江村迁此
		高冈村，明正统间，周弘道由漆田迁此	新祠堂村，明成化间，周正修从高冈迁此
			宋瓦村，明景泰间，周正和从高岗迁此
			木垄村，明天顺间，周养素由高冈迁此
		晚桥村，明正统间，周笃厚由漆田村迁此	
		彭瓦村，明永乐间，周仲龙从漆田迁此	硕百斤村，周正纲于明嘉靖间迁此

开基祖村	总房村	支房村	分支房村
南冈村	漆田村	对田村，明宣德间，周伯庸由漆田迁此	周瓦村，明成化间，周樵峰由对田迁此
		大塘坈村，明成化间，周时旦从漆田村迁此	
		胡家下，明洪武间，周益与由漆田迁此	
		周家村，明洪武间，周公弼由漆田迁此	周瓦村，明万历间，周维新从桥丰周家分此

除了周氏家族外，与槎滩陂管理维修关系比较大的家族主要是签订《五彩文约》，并为陂长的李、蒋、胡、萧几大家族。他们也都是当地的望族，在当地社会生活和历代水利管理建设中具有重要作用。

二、李氏家族

李氏家族迁入槎滩陂流域的时间略晚于周氏家族。他的第一代李公仪，南宋绍定年间（公元1228—1233年），官至制置使，被贬官为南安府大庾县主薄，辞官回乡袁州途中，路过南冈，爱其山水之美，于是定居在南冈，取名南冈李野，现李家村，为县内知名文化古村。

李氏也逐渐发展为当地的一大家族。第三世李仲明，屡征不仕，至第四世李英叔时，已经是家资巨富，可比封君。他在元代对槎滩陂的一次大修，是槎滩陂历史上一次重要的改进，显示了其家族力量。第五世李偕春，为元翰林学士；六世李如春，官至南安路推官，与其兄李如山都曾担任陂长；第七世李伯颙，仕元宣徽

院宣士郎中。

到了明代，李氏家族仍然兴盛，读书、为官、出仕者不断。明代承德郎工部主事余姚人杨时秀称赞说："予目其盛若李氏，判常州之有桓圭，守处州之有信圭，教沙县之有宪章，佐水部之有咸章，为国学生，为郡邑子弟彦，咸以《易》《诗》《书》《礼》《春秋》之经充部、司、府、州、邑之任，各足其人，世泽相传，故物相授。"并且认为李氏的兴盛是李英叔出资维修槎滩陂，以及李如春与周云从等共同维护赡陂田产的善报。

> 螺溪之陂水流不息，螺溪之田物生不穷。收惠人之报而泽不自五世而斩者，余尤莫知其所纪极也。咸章重祖手泽，持如春所叙田之灌溉有陂，陂之堤防有膳，而损钱募工，仗义归侵，则在英叔与如春也。

当时李氏家族中，在外为官的有处州太守李信圭、常通判李桓圭等，而李信圭之子李咸章，也是李如春曾孙，则任水部员外郎，可以说李氏是修水利世家，所以对水利之事格外重视，对其祖上修陂之事格外推崇。

南冈李家村后又繁衍出：螺溪车田村，元大德间，李尚义从南冈李家迁此开基；螺溪田岸村，明洪武间，李国志由李家村迁此；黄洲村，三都圩西北6千米，李达则于明永乐间迁此；筠川村，明永乐间，李遇从南冈口李家迁此；塘边村，清咸丰癸丑年，李烈海由南冈李家迁此。

李氏的开基祖村还有：螺溪李家村，南宋绍定（公元1228—1233年）间，李公仪致仕后由袁州白芒村迁此开基；螺溪竹山村、枧后村，南宋咸淳间，李邦农从宜春白芒迁此开基；螺溪新塘村，南宋咸淳间，李觉明从吉安谷村迁此开基；禾市沛潭村，宋末，李春元从吉水谷村迁此开基；螺溪藻苑村，元至元间，李玄郎从马市南坑迁此；螺溪池坑村，元末，李九春从永新曲江下洲坝迁此；禾市桐陂村，李德澄从分宜白芒迁此开基；禾市白马塘，清顺治间，李世偶从吉安永阳量头下村迁此；禾市车田村，南宋咸淳间，李兆云自吉水谷村迁此开基；螺溪乡白兰村，明洪武间，李仲郁从禾市桐陂迁此；山观村，明嘉靖间，李铵从藻苑迁此；官车村，清初李颂才从螺溪李下村迁此；螺溪螺塘村，明嘉靖间，李思信从李下村迁此。

三、蒋氏家族

螺溪乡有"三十六蒋七十二周"的俗称，可见蒋氏是当地一大家族。历史上也是积极参与槎滩陂的维修管理，是轮流陂长五姓之一。

据蒋氏族谱记载，蒋氏的第一代蒋季用，南宋淳祐年间（1241—1252），自江州（今九江）父亲去世后，不愿为官，随母严氏徙居严庄村（今老居村）。[①] 根据《江西省泰和县地名志》的资料，蒋季用随母严氏由泰和县万合乡梅溪迁居严庄。可能是先徙居万合梅溪，又由梅溪迁居严庄。

蒋氏家族也有官方背景，或者有人为当地乡绅。其第二代蒋宗周，字希柳，号逸山，元大德间"授袁州学提举及荐知万安县事，辞弗就"，曾"舍田一石五斗复与五姓共田七石，缮修槎滩、碉石二陂"，曾为陂长。第三世蒋以义，任五云提领；蒋以闻，

---

① "江州失怙后，不乐仕进，恢拓先业，侍母严氏，徙今严庄"。

号南楼翁，好施予；蒋以昭，任袁州通判，升会昌知州。第四世，蒋吾与，字子修，号清溪钓叟。王文端公有传赞，杨文贞公少保陈公少师萧公俱有赞。邑大夫重之三礼大宾位。

严庄蒋氏宗族也出过好几位为乡民所称道的人物。清道光六年县志卷二十六，《人物志》中有以下记载：

蒋晋，严庄人，监生。康熙捐谷赈荒，又捐修石路，焚券数百金，不责以偿。

蒋炳立，严庄人，雍正间捐谷置仓。

蒋氏主要居住在禾市，开基村落有老居村、瓦坞村。老居村位于早禾市东南3千米。南宋淳祐年间，蒋季用随母严氏，从万合梅溪迁此。原称严庄，后因人口繁衍，先后从此分建十三村庄，尊此为老居。由老居迁出的总房村有：新居村，元至正间，蒋吾与从老居迁此；梅枧村，明洪武间，蒋恢亮从老居迁出；增庄村，明宣德间，蒋时启从老居迁出；洪潭村，元天历年间，蒋文敬从老居迁出；茆庄村，清康熙间，蒋仕柱从老居迁出；上蒋村，清康熙间，蒋季尧从老居迁出；锯木岭下村，明洪武间，老居蒋清进于此立基；螺溪田丰田心村，明宏治间，蒋达径从老居迁来；螺溪老虎仚，明弘治间，蒋恢遐从老居迁来；螺溪新蒋瓦村，清顺治间，蒋才沂从老居迁来。支房村有：枫树垄，明洪武间，蒋基秀从新居村迁出；广厚村，明崇祯间，蒋冠春从增庄迁出；上市村，明崇祯间，蒋明翰从增庄迁出；拱桥上，清康熙末，蒋仕机从茆庄迁出；两江口村，明万历间，增庄蒋明魁于此立基。

开基村还有瓦坞村。南宋绍兴丙辰年（1136），蒋公辅从湖南茶陵迁此立基。分出的村庄有：活溪村，明代中叶，蒋林固从瓦坞迁出；山下蒋家，南宋中期，蒋均仁从瓦坞迁此；夏吉头村，明嘉靖间，蒋自贤从瓦坞迁来。

四、萧氏家族

萧姓定居于螺溪禄冈村。萧草庭（亭）为禄冈村人，曾"以蒙古翰林院劄授湖南宣慰司，性慈善，乐施予"。

梁潜《石冈书院诗序》称：

> 西昌城东南三十里有山曰石冈，萧先生自诚家其地，凡十余世矣。松竹郁然，庭宇幽琼，则所谓石冈书院者也，盖先生之七世祖仪凤之所建。宋末毁于兵，仪凤从孙梅溪复创之。元季又毁于兵，则梅溪之孙三溪创之，三溪则先生之尊父也。始终百余年，书院之毁而复建者三焉。

梁潜《书南溪萧氏族谱图后》：

> 萧氏五代时有讳球者，由金陵徙长沙，球生军，巡判官觉马氏之乱，觉徙居吉之永新，迁泰和之禾溪，子茂贞迁芦源。

五、胡氏家族

其中胡姓定居于螺溪南冈村。胡济川为义禾田人，"好施予，尝修槎滩等陂，又捐费修葺觉堂寺"。杨士奇《书胡氏先世二记后》：

> 胡公自金陵徙吉，而析为三，伯居庐陵之值夏忠简公铨，其后也。仲居泰和之南岗，庆历进士，朝议大夫，衍其后也，季居泰和之黄漕，南城县丞笺其后也，凡族之蕃者，必分，

分则盛衰愚良必不能齐。胡氏三族，其诗书相映。衣冠不乏，此可敬也。

第二节　螺溪镇与禾市镇的村落的繁衍

槎滩陂兴修的唐末宋初时期，南方经济不断发展，北方中原地区由于战争影响，局势动荡不安，大量人口迁入江西，带来了中原地区先进文化理念，结合南方较好的经济发展条件，使江西获得了较好的开发。

另一方面，槎滩陂的成功创建以及产生的效益，促进了流域开发，使得人口迁入、村落增加、经济发展。从现有村落的历史看，唐末五代时期，在槎滩陂创建之前，螺溪和禾市两乡镇的村落非常稀少，宗族人口也很少。绝大部分村落都在唐末以后开基。尤其是一些人口较多、文化深厚、发展较好的村落，大部分在五代至两宋时期开基（表4-3）。以螺溪和禾市两镇的情况看，绝大部分村落都是在五代以后形成的。尤其是两宋时期迁入的人口较多，迁入的人口则来自各个地方，来自邻省、邻县、邻乡甚至邻村的情况都存在。螺溪乡229个自然村，这一时期迁入的达到40多个，将近20%，说明这一时期的村落增加很快。禾市镇226个自然村，这一时期迁入的多达48个，达22%。

同时也可以看出，在槎滩陂创建之前，当地的村落并不是很多，槎滩陂创建后，一些大姓人家开始迁入流域区内，并且在流域内落地生根，建立开基村，成为开基祖。如后来成为槎滩陂管理家族的李氏家族、胡氏家族、萧氏家族等都是在这一时期从外地迁入流域内。

这些迁移人口中有从远处外地迁移过来的，也有从附近迁移过来的。其中不乏一些具有经济实力的家族。最初迁移过来时，都是单户家庭，在此定居繁衍，经两宋时期三百多年的发展，到元明之际开始成为拥有许多房支及村落的大姓宗族了，也形成了始祖村—总房派村—分支房村—细支房村四级结构村落，槎滩陂流域区内大多数村落的形成年代要晚于槎滩陂创建年代。这一时期，是槎滩陂流域的开发时期。其推动力主要是外来人口，外来人口带来了新的理念、文化和技艺，结合当地的自然条件，使槎滩陂流域社会初步形成并获得初步发展。在水利开发和农业进步的条件下，这一地区逐渐成为宜农、宜居的好地方，经济和社会文化都有很大的发展，从而迎来了明清时期村落的大繁衍。

周矩迁居南冈村后，五代末期至宋代，许多宗族如胡、蒋、萧等也相继由外地迁居于泰和县。其中胡姓定居于螺溪南冈村，萧姓定居于螺溪禄冈村，蒋姓定居于早禾市严庄村等等。和周姓一样，到元末这些宗族也得到很大的发展。

表 4-3　　　　　禾市和螺溪唐末至宋代村落繁衍情况

地名	位置	时间	备注
南冈口	澄水下游东南岸	南唐	建圩开市，为县内最早建圩的古镇。水运交叉点，素为上游山区竹木土纸及本地粮食油料等农林产品交流场地
詹家坊	三都圩西侧	元至正年间	自桥头高市迁此开基
栋岗	三都圩南偏西	南宋中期	从吉水迁此立基
王家坊	澄水禾水汇合口西南岸	北宋熙宁间	迁此开基
路边	三都圩西北	南宋建炎间	迁此开基

地名	位置	时间	备注
槎源	三都圩西北	南宋建炎间	周钧从永新迁此开基，以村旁溪水源自槎滩陂得名
唐雅	三都圩北禾水南岸	宋代	从河南郑州迁此开基
竹山	三都圩北	南宋咸淳间	由宜春迁此开基
谢源	三都圩西北	南宋建炎间	从仙槎迁此
转江	三都圩西北8千米滔水转弯处	宋末	从永新迁此
车田	三都圩西北7千米，	元大德间	从南冈李家迁此。因靠车水灌田得名
李家	三都圩西北4.5千米	南宋绍定间	由袁州迁此开基。知名文化古村
康家	三都圩西北6千米	南唐	康子行初居义禾村，再迁此开基。以姓氏得名
爵誉张瓦	三都圩西北6千米	南宋嘉泰间	由吉安迁此
周家	三都圩西北6千米	后唐	周羡迁此开基，又称爵誉周家
祚陂	三都圩北3千米	元至元间	由安福迁此。旁有溪，于溪上筑一小陂，因名
义禾田	三都圩西北3千米	南宋绍兴间	胡宗元从湖南醴陵迁此开基
罗步田	三都圩西北2.5千米	南宋景炎间	萧才美从禄冈迁此
黄陂谢瓦	三都圩北偏西2千米	北宋开宝间	戴光霸从湖南迁此立基。以村边水陂"黄陂"为名
枧溪	三都圩西北2千米	北宋开宝间	从县城小塔前迁此
螺江	三都圩西北2千米	南宋理宗间	从漆田村迁此。村周三面为溪水迂回环绕，状如螺旋
舍背	三都圩西偏北1千米	南宋景炎间	从福建崇安迁此
漆田	三都圩西北3.5千米田垄中	后唐	周翰从南京迁此
禄冈	三都圩东北2千米平岗上	南宋淳祐间	萧和卿从吉水迁此

地名	位置	时间	备注
下兰溪	三都圩东 0.5 千米	北宋庆历间	胡翔从冈口迁此
水路	三都圩西 3 千米	宋代	罗尚娇从禾市乡迁此
下西岗	三都圩西偏南 4 千米	南宋淳熙间	曾嗣文从吉水日塘村迁此
东冈	三都圩西南 3 千米低岗上	北宋元祐间	萧安珠迁此
禄溪	三都圩西南 7 千米	南宋景炎间	刘祥甫由桐井垇上迁此
北岭	三都圩西南 3 千米	南宋咸淳间	刘征可由南冈口岭下村迁此
社前	三都圩南偏西 5.5 千米	南宋淳祐间	刘荣可从坊牌下村迁此
上张瓦	三都圩南偏西 3.5 千米，槎滩陂下游	南唐	张诩由广东曲江迁此。原名槎富里
沙塘	三都圩南偏西 7 千米	南宋绍定间	萧天福从禾市芦源上大夫村迁此
爵誉	三都圩西偏南，潋水河边	南唐	康氏周氏建村
义禾田	三都圩西北田畈中	南宋绍兴间	胡宗元从湖南醴陵迁此
张瓦	三都圩西田畈中	南唐	张诩为西昌县令，后迁上张瓦开基
玉皇阁村	早禾市南偏东 0.5 千米	南宋咸淳间	彭懋德从吉安永阳尊溪彭家迁此
桑田	早禾市东约 150 米	南宋嘉泰间	萧振德从吉安永阳曲山村迁此
杨瓦	早禾市南偏东 1 千米	北宋庆历间	杨安止从县城迁此
沙里	早禾市东北 4 千米	南宋初	黄广泰从福建迁来
江头	早禾市东北 3 千米	南宋景炎间	欧阳大忠从吉安永和迁来
乐山下	早禾市东北 2 千米	北宋大康间	张玉温从吉安茂陂圩新屋场迁此
寨下	早禾市东北 1 千米	北宋咸平间	萧株从隘前村迁此，立基于流陂下首，称流陂村，又称流陂寨下
夏湖	早禾市东偏北 3.5 千米	宋末	胡学立从吉安永阳东园村迁此
门陂	早禾市东偏北 4 千米	南宋淳祐间	梁纮五从县城西门梁家迁此
上西岗	早禾市东 4.5 千米	北宋天圣间	周中慎从螺溪爵誉周家迁此
陈瓦	早禾市西偏北 1 千米	北宋大观间	陈铁山从吉安陈家背村迁此

地名	位置	时间	备注
泮田	早禾市北偏西 4.5 千米	南宋绍兴间	刘枢从永新三门前村迁此
老礼门	早禾市西北 5.5 千米	唐代中和间	康氏从湖南长沙迁入
水门	早禾市西北 2 千米	南宋嘉熙间	萧氏立基
邓瓦	早禾市东 1.5 千米	宋末	邓氏从县城西门迁此
老居	早禾市东偏南 3 千米	南宋淳祐间	蒋季用随母严氏，从万合梅溪迁此
上门	早禾市西偏北 4.5 千米	宋末	袁氏从冠朝横江村迁此
钟瓦	早禾市西偏北 4.5 千米	宋景炎间	从兴国竹坝村迁此
厦溪	早禾市西 2.5 千米	南宋初	康志清从南京迁来
彬里	早禾市东偏南 2.5 千米	南宋嘉定间	萧愈学立基
乐家	早禾市南 2 千米	五代后梁贞明间	乐纠翁从湖南长沙迁来
古竹洲	早禾市南 2.5 千米	南宋景定间	尹氏从沙村尹家迁来
槎山陂	早禾市南偏东 3.5 千米	南宋淳熙间	张敬从吉安迁此
治冈	早禾市东偏南 4 千米	后唐天成间	高崇文从永新迁此
官陂	早禾市西南 4 千米	北宋末	萧氏立基
官塘	早禾市西偏南 4 千米	北宋重和间	刘岗从湖南长沙迁此
车源	早禾市西南 5.5 千米	北宋庆历间	谢氏从安福辛里
国渡	早禾市南偏西 2.5 千米	北宋初	胡伯俊从湖南醴陵迁此
田尾	早禾市西南 1.5 千米	宋初	罗氏从湖南迁此
渡船埠	早禾市南偏西 2 千米	北宋前期	胡氏立基
山下	早禾市南偏西 2.5 千米	北宋初	萧公德从湖南长沙迁此
黄埠	早禾市西偏南 6 千米	南宋嘉定间	彭世德从宁都迁此
老屋	早禾市西偏南 6 千米低岗上	南宋宝祐间	谢宣觉从万安迁此
十三景	早禾市西偏南 5.5 千米	南宋景炎间	谢崇德从老屋迁来
山下蒋家	早禾市东南 5.5 千米	南宋中期	蒋均仁从瓦坞村迁此

地名	位置	时间	备注
水溪	早禾市东南 5.5 千米丘谷东侧	南宋咸淳间	萧可圣从螺溪秋岭村迁此
岩前	早禾市东南 4.5 千米	南宋中期	芦源萧清迁此
乡界	早禾市东南 6 千米	北宋初	罗万兆从湖南迁此
瓦坞	早禾市东南 5.5 千米	南宋绍兴间	蒋公辅从湖南茶陵迁来
安平寺	早禾市南偏东 8 千米	唐末	萧正卿迁此
雁溪	早禾市东南 7 千米	宋末	周确夫从爵誉村迁此
沙溪	早禾市南偏西 8 千米	南宋绍兴间	戴衡从湖南长沙迁此
车田	早禾市南偏西 8 千米，灉水东岸	南宋咸淳间	李兆云迁自吉水谷村
潞滩	早禾市南偏西 9.5 千米	宋末	萧承宗从芦源下大夫村迁此
沛潭	早禾市南偏西 10.5 千米	宋末	李元春从吉水谷村迁此
上大夫	早禾市南偏西 14.5 千米	北宋元佑间	萧经武从水口庄迁此
下大夫	早禾市南偏西 15 千米	南宋宝庆间	萧粹从上大夫迁此
礼门	早禾市西北部丘谷中	唐中和间	从湖南长沙迁此

　　注：本表数据依据 1986 年泰和县人民政府地名办公室编印《江西省泰和县地名志》。

　　明清时期，村落继续大量增加，槎滩陂修建后，对当地的社会进步起到了很大的促进作用，为人口繁衍、经济发展奠定了基础，流域区内各宗族势力也因此得到很大的发展。迁居地村落首先是在取水和灌溉都容易获得的地方开基，即沿着槎滩陂绵延长达三十余里的灌溉渠道附近增加较快。为了充分利用槎滩陂的水资源，这些村落都建有分水陂，引槎滩渠水流入村庄，作为村民生活用水，一些村落还挖有水塘，以储蓄用水。村庄四周还建有许多支流水圳，以灌溉村庄四周农田。

根据统计，"明清时期新衍化的村落共计240个，其中明代为154个，清代为86个……共涉及43个姓氏族群，除了原有姓氏族群外，明代新增了吴、孙、严、赵、贺、温、毛、赖等8个姓氏族群，清代新增了蔡、杜、易、雷、龚、潘6个姓氏族群，使得本地区的族群数量达到49个[①]。在禾市和螺溪两镇明清时期新发展的村落中，位于槎滩陂流域的共有128个，其中明代繁衍的村落96个，清代繁衍的32个；位于非流域区的村落112个，其中明代繁衍的58个，清代繁衍的54个（表4-4）。从明清两代村落繁衍的情况看，流域区与非流域区差别不大，但是，单从明代的情况看，流域区增加的村落明显多于非流域区，显示槎滩陂流域区已经比较充分开发，此后，开发重点转向附近的非流域区。可以说，螺溪和禾市两镇，在明清时期已经基本奠定了其村落结构。

表4-4　　　明清时期泰和县禾市镇、螺溪镇村落繁衍情况统计表

所属范畴	行政区划	村落数量		合计	
		明代	清代		
流域区	禾市镇	30	8	38	128
	螺溪镇	66	24	90	
非流域区	禾市镇	33	48	81	112
	螺溪镇	25	6	31	
合计		154	86		

注：本表依据廖艳彬《陂域型水利社会研究：基于江西泰和县槎滩陂水利系统的社会史考察》第87页表格调整形成。

[①] 廖艳彬：《陂域型水利社会研究：基于江西泰和县槎滩陂水利系统的社会史考察》，北京：商务印书馆，2017年，第87页。

在宗族社会的形成和发展过程中，以槎滩陂为中心的几大家族首先获得了较大发展。据民国三十七年（公元 1948 年）泰和县姓氏统计数据显示，全县共有 123 姓，又据 1985 年泰和县姓氏统计数据显示，全县共有 133 姓。人口较多的有 28 姓，其中萧姓第一、胡姓第八、周姓十一、李姓十九、蒋姓第二十。参与槎滩陂管理的五姓，都发展成为泰和的大姓家族。

第三节　水利社会的整合

一、家族的融合与竞争

从以上对参与槎滩陂管理的几大家族的分析考察可以看出，在相当长的历史时期内，这些家族都是繁荣昌盛的，正如明代《蒋氏修通陂记》所言："泰和西鄙，溉田有槎滩陂，耕凿期间者，凡几著姓。"一直到明代，这一情况没有大的改变，这些家族一直繁荣，没有衰败或者弱者。

宋元时期，槎滩陂流域地方宗族得到迅速的发展，这其中很大程度上得益于槎滩陂水利在当地农业开发和发展中所发挥的重要作用。它在促进农业生产环境改善的同时，也确立了流域区内耕作农业的经济结构。槎滩陂成为联系各宗族的纽带，一方面，为了共同的利益，他们相互联姻，相互融合，形成利益共同体；另一方面，又相互竞争，为了各自利益，不惜发起诉讼。

最初的槎滩陂是周氏独家管理的资产，但是其他迁入家族的崛起使得槎滩陂资源进行了再分配。对于古代家族的分析，根据族谱资料，可以看到，槎滩陂管理的五大家族，周、蒋、胡、李、

萧之间存在错综复杂联姻关系，理论上说，蒋、胡、李、萧都是周的亲眷，他们之间也都互为亲戚关系。在元代至正年间形成的《兴复陂田文约》和《五彩文约》中，周云从都称李如春、李如山、萧草庭等为亲眷。而实际上，几大家族之间也确实存在姻亲关系。据族谱调查，周云从"配南冈李氏"，蒋逸山"配禄冈萧氏"，李如春"配严庄蒋氏"，萧草庭"配义禾田胡氏"，胡济川之弟胡鼎享"配螺江周氏，继爵誉周氏"。五姓之间形成错综复杂的联姻关系，这种关系在五姓人员走向协调联合过程中发挥了重要作用。相对于地缘关系，这时的血缘关系充当了更为重要的角色，它突破了地缘和宗姓的限制，使五姓人员在共同利益的驱使下走向了联合。①

　　槎滩陂作为当地重要的经济资源，是这些家族融合的纽带，也是竞争的目标。竞争主要表现为槎滩陂的管理权、陂产和用水权的争夺。管理权的争夺主要表现在其他家族要参与槎滩陂的管理，而周氏家族则竭力维护其独管的局面。赡陂田产方面，周氏家族由于自身的原因，逐渐失去对陂产的控制，其他家族也在争夺陂产。元代罗氏兄弟把赡陂田产私自典卖与蒋逸山一事，就很值得推敲，说明蒋逸山也很想占有陂产，而蒋逸山后来是《五彩文约》的签约方之一，说明在对待陂产方面，五姓家族之间错综复杂的关系。

　　在用水权方面，周氏是槎滩陂的管理者，按理具有用水的分配权，但实际上由于槎滩陂渠道流长三十里，下游筑陂截水，上游很难控制，随着各大家族实力的增强，几大家族为了各自的利

---

① 廖艳彬：《陂域型水利社会研究：基于江西泰和县槎滩陂水利系统的社会史考察》，商务印书馆 2017 年版，第 67–68 页。

益，都在私下筑陂分流槎滩陂的水源。如《五彩文约》中提到，萧草庭用钱买石修砌文陂、桐陂、拿陂、白马陂等助陂，一直到三派横塘口出；元代初年，胡氏胡中济独修稀筑陂，蒋逸山则独修余家陂，并且也建立了维修管理制度等。可能还有一些分水陂，没有记载下来，这些陂的作用无疑是分水，各个家族修筑自己的分水陂，使用共同的水源，来自槎滩陂的水，因此，他们具有共同的利益。同时，各个家族之间、其他家族和周氏家族之间也有矛盾。这种矛盾只有在维护好槎滩陂的前提下，才能得到很好的解决，共同的利益又促使他们联合起来，而对罗氏兄弟的诉讼一案，为他们的联合提供了契机。在这种纠纷的解决过程中，形成了槎滩陂多家共管的局面，即所谓"乡族式民办"的管理形式，产生了新的地方权力格局。

对罗氏兄弟的诉讼以及《兴复陂田文约》和《五彩文约》的签订，是这种家族关系即相互协作、一致对外又相互竞争的标志，是五姓家族相互平衡的产物，从而达到以槎滩陂水利为中心的家族社会的初步形成，并且逐步整合，使地方各种力量达到一个初步的调和，在当地建立了一个相互适应的稳定的发展环境，促进了地方社会在以后时期的进一步发展，也加速了流域区宗族之间的融合，为以后水利社区的形成打下了坚实的基础。

"家族介入地域社会资源的再分配，实自家族存在于该地域时就开始了。家族发展兴盛的本身便意味着在某一种或几种社会资源占有方面的明显优势，也就是说，家族之实际崛起必然会带来地域社会资源分配比例的重新调整。而兴起之族凭借其既有的资源获取优势，去争夺更多其他方面的社会资源，则又会进一步

重塑地域社会资源分配之格局。"[①] 这些社会资源包括政治资源、经济资源和文化资源等。槎滩陂的历史变迁，就是这种经济资源和社会资源再分配的一个缩影。

受益群体的扩大，公陂的最后形成，更多的家族参与到槎滩陂的管理，官府和国家权力逐渐介入其中，使槎滩陂流域形成了一个更为广泛的水利社会。

二、水利诉讼

民间诉讼是社会生活的一部分。泰和民间有喜欢诉讼的风俗，县志记载说，"其俗尚气节，君子重名，小人务讼"，而且"颇多讼，称难治"，[②] 令官府颇为头疼。当然，诉诸官府解决问题，也有其好的一面。由于槎滩陂良好的经济效益以及它的公益性，它关系到灌区内大部分民众的利益。历代以来围绕槎滩陂的利益争夺一直没有停止。这种争夺，既有陂水受益家族间的利益诉求，也有来自不受益民众对槎滩陂正常运行的干扰和影响，因此，历史上围绕槎滩陂也发生过不少诉讼。而这些诉讼所反映的矛盾及其解决，是对水利社会的整合，也是促使水利管理进步的因素。

这种诉讼反映在几方面：对赡陂田产的争夺，用水的矛盾的诉讼，创建权的争夺等。最早的诉讼案发生在元朝初年。元至正年间，近陂六十四都"豪恶"小人罗存伏和罗存实兄弟将槎滩陂的一部分赡陂田产占为己有，强横收取租利，妄招己业，并私自将其典卖。面对罗氏兄弟的侵占，周氏家族自觉依靠本家族的力

---

① 宗韵：《家族崛起与地域社会资源的再分配——以明代永乐、宣德之际江西泰和为中心》，《安徽史学》2009 年第 6 期，第 8 页。

② 光绪《泰和县志》卷二《舆地考·风俗》。

量，难以和罗氏兄弟抗衡，于是周云从联合其他亲眷李、萧、蒋各姓成员，联合向官府提出诉讼，出现了槎滩陂历史上有确切记载的第一次纠纷。这种水利纠纷案的发生，有其深刻的历史背景，它既反映了当地社会的发展状况，也折射出当时的时代涵义。由此大概可知，槎滩陂赡陂田产具有一定的数量，为某些人所觊觎，也反映出赡陂田产管理方面的一些问题。而围绕水利纠纷的解决，也透露出国家、地方和乡绅等各种社会力量在其中所扮演的角色和作用。经官方判决，罗存伏兄弟侵占周氏宗族陂产的事实成立，陂产归还周姓家族。

经过这次诉讼，有共同利益的周、李、蒋、萧四姓家族，以后又增加了胡姓家族，结成联盟，共同维护槎滩陂的运行，这种状况一直持续到明代，是槎滩陂流域社会的一大特征。

到了明代，关于赡陂田产的诉讼仍然不断。永乐年间（公元1403—1424年），有吉安千户所军人南仲篪将赡田陂产占为己有，以周姓家族成员周六奇为首的五姓宗族诉讼于官府，官司胜诉。宣德年间（公元1426—1487年），又有佃户胡计宗私自典卖陂产事件，周氏族人将其告至官府，周氏最终得以保全被侵占的陂产。至成化年间（公元1465—1478年），又有蒋端潮、浮柔等强割陂田稻禾、侵偷陂石事件，经周氏族人周庸和等人向官府兴诉而得以解决。正德年间（公元1506—1521年），周庸富等人向官府兴诉，将被其他姓氏族人侵占的赡陂田产追回，并以其名立户。

到了清代嘉庆年间，又发生了两次争夺槎滩陂洲树所有权案，一次在嘉庆二年（公元1797年），一次为嘉庆八年（公元1803年）。

根据周氏族谱记载，该洲树向来归槎滩陂管理。槎滩陂对面有一些张姓村民附陂而居，因此其村起名为槎滩陂村。嘉庆二年，

洲树被张家人偷窃，张姓村民赔偿二十八吊文钱，并写下文书，私下解决了。

嘉庆八年，洲树被洪水冲倒很多，而槎滩陂维修需要经费，周、蒋、胡、李、萧五姓联合，要出售洲树，引起张姓村民的不满，告到官府。五姓家族也积极反诉。官司从县里一直打到府衙，经官方裁定，"槎陂五姓卫陂洲树，嗣后张姓并就近村庄人等一概毋许砍伐，倘遇天旱，五姓砍取枝口塞陂堵水，灌注两乡田亩。"显然，官府的判决支持了槎滩陂五姓的诉求，维护了以洲树作为维修槎滩陂材料的办法。这些诉讼，都是槎滩陂受益方与非受益方产生矛盾而引起。有时也有其他人员介入，所以关系错综复杂。

从历次围绕槎滩陂的诉讼结果可以看出，官府一般都从保护槎滩陂这一民生工程的思路出发，对不利于槎滩陂，或破坏槎滩陂的行为持反对态度。官方的态度有力地保证了槎滩陂的正常运行。

另外一种矛盾是发生在受益方内部的矛盾，例如用水矛盾。

由于槎滩陂灌溉范围广大，干渠流长，支渠众多，围绕槎滩陂的用水矛盾有发生。特别是在用水旺季，或干旱之年，引水矛盾更为突出，有时甚至发生械斗。

> 历史以来，圳溪交错，引灌渠道很多。但历代所修渠圳陂堰蓄水量少、水位低。一到灌溉旺期，往往出现上堵下干现象。为争用水，经常发生械斗。

虽然这类记载不是很多，但是往往很能够说明问题。古代所修的陂堰渠道，由于技术水平所限，多为土石陂，陂矮，蓄水量少，漏水严重，引水量有限。距离水源较远的地方，往往难以获得足够的灌溉用水，因而上游截流水源的现象并不奇怪。

周氏族谱记载了发生在道光年间的争水事件，周氏家族中的一位长者周昌遥成功平息了一次争水事件，避免了一次械斗："公讳昌遥，字骥程，吾邑信实乡螺江村人，明刑部郎中尚化公之从孙也。……槎滩陂者，高行、信实两乡之田资其灌溉十七八。道光乙未，岁大旱，水为上流所壅遏，邻近数十村禾苗将槁，农皆失措，其壮丁之强悍者，悉抱公愤，亟欲纠众持械往斗，祸端立启。公止之。躬诣其地，谕以利害，委婉开导，陂始畅流。翌日，流仍壅遏，衅又将开。公于是邀同老成谙练者数人理喻，情感不惮，舌敝唇焦，闻者愧服，乃获开陂。然犹惧顽梗者之不无阻挠也，留守其地者三昼夜，得大雨，始辞归。其生平为地方息祸患者类如此。"[1]

这篇文字生动地记述了灌区内因用水的矛盾而引起村民之间的矛盾，是一个典型用水纠纷案例，具有一定的普遍意义，是槎滩陂用水矛盾的一个真实写照和缩影。槎滩陂引水渠道长达数十里，上游水源丰富，下游则可能水源不足。干旱之年，槎滩陂引水流量本身就不够，又加上游截流，致使下游数十村落旱情严重。很显然，历史上这种用水矛盾长期存在。槎滩陂的用水管理，是在不断发生和化解这种矛盾中取得平衡的。它也是槎滩陂水利社会发展进步的一个重要方面。

化解这种矛盾，既是水利问题，也是道德和法律问题。这次平息用水纠纷，并没有官方介入，而是通过村民之间的协商解决。上游的村民在何处筑陂截水，并没有交代，解决的过程也不顺利，

---

[1] 《泰和南冈周氏漆田学士派三次续修谱》第十册，1996 年铅印本，第 316–317 页。

经过反复劝说，动之以情，晓之以理，最后周昌遥亲自留守在上游筑陂的地方三天三夜，问题才得以解决。这种处理方式，得到了冲突双方的认可和后人的赞同，得以记载在族谱中。槎滩陂的用水问题，使槎滩陂流域的上游和下游以至整个流域形成利益和矛盾的共同体。实际上，用水的矛盾经常发生，主要看如何处理。

用水矛盾还发生在灌溉和运输用水之间，由于槎滩陂所在的牛吼江是上游山区民众的航运通道，槎滩陂专门建有供船只和竹排通行的大、小泓口，但是，在干旱季节，为了使更多的水流进入引水渠道，采取"封陂"措施，造成航运无法通行，由此造成航运与灌溉用水的矛盾。

蒋氏族谱中曾经记载有蒋氏族人蒋鳌予协调槎滩陂灌溉与航运之间的纠纷："（鳌予）尤热心公益，泛爱乡里，居留地南有槎滩古陂，横断禾水中央，附近之田资其水以灌溉者三十万亩，遇干旱时封陂节流，上游之商贾以运输不便，屡起讼端，先生乃出与协约，每旬三、八两日开陂，以利舟航，余则封陂，以溉禾稼，农商两便而讼息。"协调的结果是，每十天开陂两天，以利通航。其余时间则封陂，以利灌溉。从这些矛盾中也可以看出，槎滩陂对当地的经济和社会的影响是显著的。

关于槎滩陂的创建权的争夺，也是发生在槎滩陂受益家族之间的矛盾。导致了周姓家族和萧、胡、蒋、李等几大家族之间长达三年的诉讼。周姓家族作为槎滩陂创建者的说法最后获得认可，但是官方也明确表示，周姓不得据此对槎滩陂的使用占有特权。当地士绅和民众都以农田水利设施是否载入地方志作为其拥有该水利设施的占有权的历史依据，它也是地方士绅或民众对于地方水利的话语权的争夺。

水利纠纷和诉讼，是灌区内水利社会的常见现象，是水利社会的一个重要方面，并不一定都是副作用，它对水利社会的逐渐形成和融合，由矛盾冲突到逐渐和谐，由用水矛盾到水资源分配逐渐趋于平衡合理，都具有一定的促进作用。同时也促进灌区内水利建设的发展、配套措施的完善。

第四节　槎滩陂与泰和的水文化

泰和历史上的水文化相当丰富，其境内水系发达，江河众多，大小河流纵横交错，人们的生活与水的关系十分密切。水利工程历史悠久，也很发达，防洪、灌溉、航运等工程都与民生相关。食者，民之命也。水者，谷之命也。尤其是以槎滩陂为代表的灌溉陂塘星罗棋布，成为人们日常生产和生活中不可缺少的设施。另一方面，泰和历史上人文荟萃，书院学校遍布，文人墨客极多，往来于泰和山水之间，举人进士，人才辈出。不但有杨士奇、伊直、梁机等名气较大的文人，也有刘崧等诗坛江右派创始人，还有曾安止这样的农学家。据 2012 年出版的《泰和县志》统计，泰和籍的文学家、哲学家、历史学家等英才代代涌现，各领风骚，有影响的多达数百人。这些都是泰和水文化繁荣的基础。

槎滩陂延续千年，在促进地方农业经济发展的同时，对于地方文化的发展也有积极的促进作用。物质文明的提高，促使精神文明进步，农田水利的发展，促进了地方文化繁荣发展，丰富了人们的精神生活。它体现在社会生活的方方面面，尤其是在中国古代以农业为主导的社会里，水利对人们的影响更是无处不在，水文化的元素随处可见。

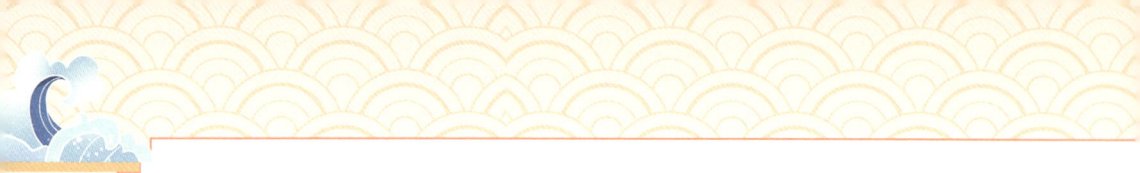

一、村名中的水文化元素

村名是农村文化的一部分，基本反映了一个村子的主要特色或部分特色。根据1986年编印的《江西省泰和县地名志》，槎滩陂灌溉的螺溪乡和禾市镇共有五百多个大大小小的自然村，其中相当一部分村名和水利灌溉有关。它们的得名反映了槎滩陂所代表的水利系统在农业和农民社会生活中的地标性意义，也反映了村民生活与农业灌溉各方面生动活泼的交错关系。

（一）村名与槎滩陂

一些村庄，因为与槎滩陂或其效益有关，其村名中包含了槎滩陂的元素，反映了槎滩陂在当地社会生活中的影响。

禾市槎山陂：根据族谱资料《槎滩陂洲树案纪略》，槎滩陂附近曾经有一个村子，因为附陂而居，就叫槎滩陂村，现称槎山陂。

螺溪张瓦村：南唐，张诩从广东曲江调西昌县令，奉诏劝农，见此水好地沃，致任后迁今上张瓦开基，始名槎富里，意为槎滩陂下游富饶之地，后以姓氏易称张瓦。

螺溪槎富张瓦：元至正间，张衡可从上张瓦村迁此，因古属槎富里得名。

螺溪槎源村：因村旁溪水源自槎滩陂得名。

螺溪槎江村：位于三都圩西北5千米，明嘉靖间，陈春茂从田心村迁此，因居住于源自槎滩陂的"四二江"边得名。

禾市洪潭村：位于早禾市东偏南2千米，元天历间，蒋文敬从老居村迁此。槎滩渠环绕村周，西、南各有洪水冲成的小潭，因名。

禾市两江口村：位于濆水与槎滩陂北江渠汇合口，得名。

（二）村落因车水灌溉得名

泰和县古代的提水灌溉非常发达，有戽斗、水车、筒车等传统工具，这些传统的灌溉工具一直使用到解放初期，新中国成立后这些传统提水工具逐渐减少，有的已将近淘汰，逐步采用机动或电动抽水机、水轮泵，开始使用喷灌。但是传统提水工具使用了几百年，其思想文化影响仍然存在。

戽斗有竹编戽箕和木制戽桶两种。戽箕一人操作，戽桶两人牵绳操作，提水高程1米左右，都是用人力，劳动强度大，提水效率低，但较为简便，是最古老而又最普遍的传统提水工具。新中国成立前几乎每户必备，甚至一户有几把戽箕，新中国成立后日渐减少，1988年统计全县尚有29600把。

水车即木质龙骨水车，有人力、畜力两种。人力水车又有手摇、脚踏两种。畜力水车新中国成立前只有木质牛车。20世纪50年代曾推广铁牛车盘，提水高程2米左右。1988年全县尚有水车7600部。这一过程体现了提水工具的进步过程。

筒车是木竹结构的水力提水工具。在小河岸边安装木质车架，上车轴用木、竹制成圆形车箍支辐条，外缘安装24个竹筒，辐条间装竹叶片，借水力推动叶片旋转、竹筒提水。新中国成立前在瀼水、蜀水、云亭河、仙槎河沿岸筒车较多，新中国成立后逐步为抽水机所代替。

机械提水，1950年8月，万合乡南门村购置10马力煤气抽水机提水灌溉，各区派人参观，此后各区乡、社队逐步购置抽水机。至1957年，全县有内燃机41台（多数为煤气机）、526马力、灌田一万亩，1975年增加到358台、6356马力。

在槎滩陂流域及附近，虽然槎滩陂修建后为当地很多土地提供了自流灌溉，但是在地势高塝的田垄，自流灌溉难以到达的，采用车水灌溉就是很好的方式。槎滩陂的修建也为这些土地提供了车水灌溉的水源。不少村落的土地在开基时还没有修建自流灌溉的工程，只能依靠车水灌溉，因车水得名。如禾市镇官车村，相传因村西垄田靠车水提灌，向有"禾种出门，扛车出门"之说，得名"扛车"，后谐音雅化为官车。说明水车在古代乃至近代，都是泰和农业非常普遍实用的灌溉工具。

因车水灌溉在日常生活中的重要性，螺溪和禾市分别有三个村落不约而同取名车田，造成重名。禾市镇车田村：位于早禾市南偏西8千米潋水东岸小山下，因村前垄田靠车水灌溉得名。禾市镇上车村：位于早禾市东北5千米，潋水北岸高塝地上，垄田缺水，素有"种谷下泥车出门"的传说，故名车田，后因重名，又称上车田，简称上车，元大德年间郭氏开基。螺溪乡车田村：位于三都圩西北7千米，元大德间李氏开基，因靠车水灌田得名，内分上车田、下车田。泰和县还有一些叫车田的村庄。马市镇的车田村，因耕地靠车水灌溉，向有禾种水车同出门之说，故名。

此外，还有一些村名与车水灌溉有关。如留车田村：因周围农田缺水，水车常留田垄，故称留车田。根据官车村的传说，一般车水灌溉的水车，用完后扛回家，但如果天天要用，为避免麻烦，就把水车留在田间，因此成为该村的一个特色。车塘村：靠塘内车水灌田，因名。车源村：相传因泉水较多，白泉山下有一股泉水，有车水水量，因名车源。桥头乡高车村：因地势较高，靠筒车从河内提水灌田得名。桥头乡上车村、下车村：河内装有筒车，开基人刘氏兄弟分居六七河上下游，故名。碧溪乡小车村：地势较高，靠筒车提水灌田，因名。沙村乡车口村：因地势较高，容易遭受旱灾，历来靠珠林江洪潭上首筑陂引灌和人力车水提灌，原名洪富，取"洪潭之水生财致富"之意，后易车口。中龙乡下车田村：原装有大筒车灌田，村居筒车下首，故名。

（三）村落因水得名

因水取村名的情况非常普遍，溪流、渠道、深潭等都是地标性自然景观，与村名结合是人与自然相互融入、人水和谐的体现。如禾市镇十三景村：村旁溪水漾洄，因称螺溪，后传周围有十三景，又名十三景。沙溪村：位于渲水河畔沙洲地上。沛塘村：因村临深潭得名。湖田村：地处河畔低洼地中，每逢涨水，垄田如湖，因名。小江边村：位于渲水下游北岸洲地上，得名。湍水村：村北河内有潭，水流湍急，村旁有湍水庙，故名。螺江村：周三面为溪水迂回环绕，状如螺旋，因名。

（四）村落因塘得名

塘是南方很常见的一种小型水利工程，或者人工修筑，或者利用天然水坑等修筑而成，可用于养殖或供水。与村民生活息息相关，也是一种地标性生活设施，很自然与村名结合。黄埠村：因村旁一口浑黄水塘得名黄塘埠，简称黄埠。跑塘村：因村前一口水塘常冒气泡，得名泡塘村，后演变为跑塘。五斗塘：位于早禾市西南 6.5 千米，村前原有五口水塘，约五斗田面积，因名。梅塘村：村前有口大水塘，村后是山，相传曾有抗金将领梅某在山上立寨抗金，人称梅塘寨，简称梅塘。三塘下：位于禾市南偏西 15 千米沟谷中，立基于三口水塘旁边。荷塘埠：立基于一口荷花塘边。流塘：因村周水塘常年有渗泉外流，故名。塘梅：村边有水塘、梅树得名。官塘：村前有口水塘，常干涸，得名干塘，后演变为官塘。坤塘：传周氏系随寡母于一水塘边开基，古称妇

女为坤，故名坤塘。螺塘：因村址形似田螺，村边有许多水塘，故名。义禾大塘坵：村子位于大塘边，简称大塘坵。塘边：立基于水塘旁边。大塘坵萧家：位居塘边，结合姓氏得名。漆田大塘坵：由漆田村迁来，居大塘边。湖塘：居一虎形山下塘边，得名虎塘，后谐音演变为湖塘。沙塘：因村前一口石底水塘而名石塘，演称沙塘。塘边：立基于一大水塘边。藕塘：立基于莲藕塘边。杏亩塘：村旁原有一口约一亩面积的水塘，得名仚亩塘，后雅称杏亩塘。

（五）村落因陂得名

陂是比塘大一些的水利工程，常截断溪流而建，一般作为有坝取水工程。因为它规模相对比较大一些，陂作为村落的标志性建筑非常多，取为村名的情况也很普遍。有些村庄因为修建在水陂的旁边而得名，有些是因为修建了水陂而得名。

陂边村：位于禾市镇东南4.5千米，因在水陂边得名。官陂：村边有一座官方拨款修建的水陂得名。槎山陂：村前有拦水陂，村后靠洪岗山，因名。门陂：以门前溪上有三座水陂得名。桐陂：以村后原有一座铜锣陂为名，后演变为桐陂。槎源：因村旁溪水源自槎滩陂得名。祚陂：村旁有溪，原名祚溪，后于溪上筑一水陂，又称祚陂，取祚为福义，寓意后人幸福如溪水长流。黄陂谢瓦：以村边水陂黄陂为名。槎江：村居源自槎滩陂的四二江边，因名。

其他乡镇以陂得名的村子也很普遍，例如：桥头乡大陂村，以村前一座较大水陂得名。桥头乡高陂村：以村前溪上建有一座较高的水陂得名。万合乡陂溪村，在万合圩东北5千米，元代开基，以村前溪中，有一水陂得名。樟塘乡龙陂村：因阻止大鹏村民在此修陂，将龙溪村改名龙陂村。南溪乡官陂村：因村南小溪上原有一座水陂，曾与邻村发生水利争执，经诉诸官方裁决，得名官陂。沿溪乡下陂头村：村周有上下两座水陂，村居下首陂头，因名。沿溪乡上陂村：附近原有几座水陂，村居上首陂旁，因名上陂，别名长陂。上田乡椿塘陂村：原以村旁一座水塘——吹塘为名，后因塘口下首建有水陂，谐音演称椿塘陂。碧溪乡富陂村：因积财致富，于村旁河内建一水陂，得名富陂。

（六）村落因水枧得名

水枧是一种悬架在地面上的引水木槽，也有用竹子劈成两半引水，是一种小型输水设施。因为它简单易行，实用方便，一般的地方都可以架设，成为一种常用的引水或灌溉设施，也成为一种景观，成为村名的来源。

枧后村：因村南溪上装有水枧，始名枧溪，又称枧后。枧溪村：村旁有三条溪水环绕，溪上架有多出水枧，得名枧溪。枧桥村：村前溪上有石桥、水枧。梅枧村：早禾市东2千米，旁有枧水长流，因名。苑前乡枧头村：因村北小溪架有引水木枧得名。

（七）村落因圳得名

水圳是田边的小沟或者灌溉渠道，一些村落因靠近水圳而得名。

上田乡南圳村：宋末元初建村，因村南有水圳得名。上圯乡圳背村：因建于水圳北面得名。桥头乡圳口村：建于两条水圳汇合口。螺溪乡圳口村：建于一条支圳岔口得名。苏溪乡圳口村：因位居水圳出水口得名。

二、题字与诗词

泰和素称文献之邦，又有山水之美，历代以来，其游客居士，闲居族处，或讲先王之道，或诵经史文章，留下了很多与水或农业、水利有关的诗文、楹联、题字等文学作品，成为我们今天了解和认识槎滩陂的宝贵财富。

槎滩陂的陂石上有楹联一幅：

> 春耕秋获，间阎免旱魃之灾。
> 麦渐黍油，黎庶颂阳候之德。

虽经岁月沧桑，但陂石上的文字依稀可见。间阎，这里意指百姓，与后面的黎庶对应。旱魃，是传说中的制造旱灾之神，战胜旱魃，才能免除旱灾，春耕秋获。阳候为波涛之神，这里借指槎滩陂工程引来的汩汩清水，滋润着土地，使禾苗茁壮成长。

它歌颂了千百年来，槎滩陂拦住了滔滔东去的牛吼江水，滋润亿万稼穑，造福于当地百姓的伟大壮举。见证了古老的槎滩陂水利工程，凝聚着历代先祖们智慧，记录着历代劳动人民抗旱防涝的辛苦劳作，也彰显了千百年来人水和谐的价值理念。

该楹联出自民国二十七年重修槎滩陂所发的《祭江文》：

> 川流卑下，原田失灌溉之资。渠水迂回，畎亩有丰穰之望。
> 先哲深明此理，南唐创筑巨陂，号曰槎滩。润分禾水，灌田盈三十万石。功载口碑，流域贯五六两区，事登邑志。就陂之面积而言，长余百丈，阔达七弓，尾抵东南，首榜西北。历代以来，屡修屡坏，屡坏屡修，或好义而解囊；或按田以派费，工程浩大，补缀艰难。自乙卯以至今，兹其春秋仅历廿四，陂口损伤已甚，百孔千疮，堤基颓败不堪，东崩西溃。征工筹款，经营固赖人谋。换石易砖，坚固全凭神佑。小窦务期尽塞，后患方除，大功克日告成，初衷始遂。

自此以后，春耕秋获，闾阎免旱魃之灾；麦渐黍油，黎庶颂阳侯之德。

谨告。

此祭江文是对这次重修槎滩陂的简要回顾和颂扬，也是大功告成后的贺辞。

明代曾任刑部尚书和兵部尚书的庐陵人萧维祯有诗《书宋朝奉大夫敕书后》称赞槎滩陂灌区以及爵誉村的美景：

> 溪水西来远，三十六盘纡。
>
> 支流泛晴绿，绕曲如螺纹。
>
> 螺纹往如复，遂为溪之呼。
>
> 榆柳被堤岸，桑拓迷村墟。
>
> 人烟稠若织，田园尽膏腴。
>
> 地灵人且杰，岂无君子居。
>
> 周氏金陵至，卜此一宅区。
>
> 有地盛种黍，有圃足供蔬。
>
> 儿孙日已长，往往名家驹。
>
> 中和出五世，声价国璠玙。

因周中和曾担任宋仁宗时的朝奉大夫，故称其为"宋朝奉大夫"。所谓"敕书"，应该是宋仁宗赐周中和告老还乡时的敕书。诗中主要描写被槎滩陂渠水环绕的爵誉村美景。"溪水西来远，三十六盘纡"既是写景，勾画出槎滩陂的渠水弯弯曲曲的景象，也是指槎滩陂开渠三十六条，由此巧妙地赞扬了槎滩陂造福于当地人民，以及周氏家族的贡献。

槎滩陂所在的牛吼江，又称溜水，据县志记载，"源出永新罗浮，经拿山洲尾，名官北水，入县界高行源、钟鼓潭、横水洲至湛口，与禾水合流为槎滩陂，经早禾市过大平洲，在信实乡六都，南岗市下"。周是修诗云：

> 一水分复合，是有中流渚。
>
> 溯洄从其人，道阻心良苦。
>
> 其人美如玉，远世甘独处。
>
> 秋分把钓归，绕屋松萝雨。

周是修是槎滩陂管理者周氏的后人，又为明代江西诗派的著名作者，写了很多关于江西山水的诗作，自然对槎滩陂和溜水有独特的感情。诗中描写了溜水的优美风景。江水分合，曲折洄环，有村姑美妇，在水边浣衣；有钓者归来，居松萝小屋；也有江水激流，江中洲渚，造成交通不便，一派写实的水乡风光。

泰和的另外一条主要河流为云亭江，云亭江中有一著名的石牛潭，曾有县志记载说："云亭江……又西北经大水之石牛潭，大水江中有石牛，故名。"潭澄澈深广，水里有石牛卧焉，历代诗人歌咏不断。尹直诗云：

> 夙发金鱼坝，行次石牛潭。
>
> 沂水舟难挽，还家路旧谙。

尹直，字正言，泰和人，明景泰五年（公元 1454 年）进士。这首诗描写了石牛潭水流湍急、舟船难行的情景。明陈礼诗[1]描写石牛潭又是另外一番景象：

---

[1] 另《思南府志》也记载有石牛潭，并有石牛潭诗，作者为安康，内容相同。

　　碧潭深处石牛眠，蹄首低昂两角全。

　　畎亩不耕空络鼻，鱼龙相伴只潜渊。

　　天工造化非人力，物类生成出自然。

　　丙吉若逢难问喘，牧童笑指不能鞭。

　　诗中描写了石牛卧于水中的生动形象，感叹自然界的鬼斧神工，有牛蹄、牛首，有两只牛角，还有鼻子，确是天工造化，自然生成。人、水、鱼、牛共处一潭，一幅自然和谐的美妙图景。诗中巧妙引用了丙吉问牛喘，关心农事的故事，又用牧童不能鞭的诙谐幽默描写，隐喻石牛虽不能耕、不能鞭，却给人们带来美好想象。

　　澄江是赣江支流，经泰和县城南绕至城东合清溪江，历史上以水清澈，故名澄江。另外，赣江经泰和县亦名澄江。北宋著名诗人黄庭坚在泰和当县令时有"落木千山天远大，澄江一道月分明"的名句，澄江是古代泰和的著名风景名胜之一，明代王俨曾作《澄江》一诗：

　　　　一送澄江赴东海，归程到此即家中。

　　　　涨平不避鸡冠石，云霁遥瞻虎鼻峰。

　　　　启却重门看五桂，扫开三径抚孤松。

　　　　行囊揽尽江湖景，你与儿孙佐酒瓮。

　　诗中描写了作者由外地归家后看到的澄江美景。近景有江中拍案惊涛的鸡冠石，远望有云开雾散后的虎鼻峰。重门与三径，五桂、孤松与江湖之景相映成辉。

　　水文化与农耕文化是不可分割的两部分，耕田与灌溉也都是农业生产的主要劳动。车水灌溉在泰和县十分发达，以车水灌溉命名的车田村在泰和就有好几个，车田村的禾黍特别绿，车田村的稻花尤其香，明代杨士奇的《车田禾黍》是对这一景象的最好写照。

车田禾黍

闻道车田隐处长，一犁烟雨趁春忙。

绕畴翻浪条条绿，遍陇拖云淡淡黄。

水暖偏得禾叶活，风清时递稻花香。

太平无事歌谣处，酿就醅酥送客尝。

刘崧，元末明初江西泰和人，原名楚，字子高。七岁能赋诗。洪武三年举经明行修，博学工诗，江西人宗之为西江派。其作品《石鼓坑》描写了泰和"十里陂田五里泥"的农田灌溉景象，石鼓坑在泰和县西武山西侧。

石鼓坑

松林日暮雨凄凄，十里陂田五里泥。

一月离家归未得，桐花落尽子归啼。

最能表现古代劳动人民修建水利工程之辛苦劳作的，当数清代梁机的《石堰歌》。梁机，字仙来，江西泰和人，康熙辛丑（公元 1721 年）进士。其作品有诗集《三华集》《梁机六箴》等。《石堰歌》这首诗描写的是泰和农人筑堰的真实场景，作者是触景生情，感情真挚，描写细致，读来令人潸然泪下。

石堰歌清

小江水耗村人，于上流滩濑累石堰水以捍之，为秋耕计，贮蓄泫淳，并设水门，若置闸然，百里不绝，商贩利之。悯农之劳作也，作歌以写其情。

春江偏作雨，令我田中黍苗腐。

秋江不作涛，令我江中石堰劳。

家家丁男赤双脚，裸衣江中面色恶。

乱流力与沙石争，刬木为栿植且却。

碁累星布规且平，左垒右垒如层城。

水门决决声砰鍧，后堰初成前堰倾。

辛苦田家作岁计，蓄泄空为舟楫利。

山中木客驾小艒，堆薪竹查衔尾高。

百丈一落迅版闸，指挥意气如官漕。

筑石堰，昏连曙沙寒波走。

不可处，劝君挥泪谢东流。

君看我上估舶去。

全诗赏析如下：

春江水满，
迎来连绵的阴雨，使我的禾苗腐烂。
秋江干涸，
我不得不在江中筑堰劳作。
家家户户的成年男人，
都裸衣赤脚在江中，脸上呈现出辛苦和疲倦。

乱流冲击着砂石，

有人砍伐山中的树木，做成整齐的木筏，在江中慢慢漂流。

你看农人们筑堰的技术高超，

规整平直，层层垒石，像城墙一样。

你听闸门打开的声音，似疾雷激荡。

前面的堰刚刚筑成，后面的堰又被冲倒。

可怜辛苦的种田人，年年为了灌溉筑堰，

却为来往的船只木筏提供了方便。

山中贩卖木头的商人，驾驶着小船，

船中装满木头和竹子，在船尾高高翘起。

闸板从高处快速落下，

船只来往，

像国家的漕运一样频繁有序。

筑石堰，真辛苦！

起早贪黑，

他们夏天在炙热的沙滩上，冬天在冰冷的激流中。

看不下去！

只能含着眼泪，感谢东去的流水。

还是走吧！

我随着商船远去，

留下农人辛苦筑堰的记忆。

从《石堰歌》的描写可以看出，作者充满对农人辛苦劳作的同情，同时也可以看出当时农民利用农闲时间拦河筑堰、兴修水利是一项普遍的工作，泰和古代农田水利之发达。农民们筑堰非常认真，不仅有灌溉效益，还为商船和木筏往来提供了方便。诗中描写了农人在江中筑堰的情景，以及江中闸板起落、船只木筏来往的繁忙景象，是一首难得的歌颂底层劳动人民筑堰劳作、兴修水利的好诗。

三、泰和的雩祭和禜祭

雩是古代一种求雨的仪式。《谷梁传》定公元年曰："雩者，为旱求者也。"中国有雩祀的历史非常悠久。《礼记·月令》："乃命百县雩祀。"郑玄注："雩，吁嗟求雨之祭也。" 所谓吁嗟，是叹息之声，是古人对于自然灾害一种无奈的表现，不得不向上天求助。古代从朝廷到地方政府都会举行雩祀典礼。官方举行雩祀典礼，并非完全是迷信，而是朝廷或地方官员重农爱民的体现。清朝从顺治、康熙朝就有祈雨活动的相关规制，雍正十年（公元1732）年谕令："天时亢旱，着礼部、太常寺虔诚祈祷，照例禁止屠宰，不理刑名。"雩祀在乾隆一朝渐变演绎而臻于完善。乾隆帝继承了顺治帝、康熙帝、雍正帝重农的政策与思想，诚如乾隆帝所说："帝王之政，莫要于爱民，而爱民之道，莫要于重农桑，此千古不易之常经也。"而祈雨就是重农桑的思想和行动，用虔诚的祈祷感召天诚。他还"奏准天神、地祇坛增撰乐章，所有应用乐器，照例增设"，不仅制定了利于农业生产的各项政策、措施，而且在精神信仰领域，在原有祈雨祭典活动的基础上，提升了雩祭在国家祭统中的地位。乾隆七年（公元1742年）这一年是乾隆帝登基以来遭遇到的第一个大旱之年，除了采取一些应急救灾措施，加强水利工程建设外，乾隆帝还亲诣黑龙潭祈雨，未雨。

当年，徐以升奏：古有雩祭之典，逢亢旱则又有雩，请仿古礼，每年届期择吉日致祭。偶亢旱，即于此望告岳渎海镇及山川能出云雨者。倘有雨水过多，请照祭法，禜祭水旱之例，亦于雩坛致祷，停止僧道讽经。下礼部议，历代旱雩之礼，皆七日一祈。唐制，斟酌较善，宜加参定，孟夏龙见，择日行常雩礼，旱则从各坛祈祷。旱甚，乃大雩。雨足，则报祀或已斋未祈而雨及所曾经祈祷者，皆报祀。斋期祭品俱如常仪。久雨祈晴，仿《春秋左传》，伐鼓、用牲于社，及《文献通考》禜祭国门之礼，视水来最多之门而祭。仍雨不止，则伐鼓用牲，祭于社，祈求晴雨之日，照例禁止屠宰。不理刑名、冤狱宜于速理敲扑可以暂停其直。省、府、州、县、卫孟夏行常雩礼。或有亢旱，亦皆七日。先祭界内山川，次祭社稷，不雨，仍祈祷如初。但不得用大雩之礼，亦不必别设雩坛。其社稷耤田等旧设坛壝可以恪恭将事，其或淫潦为灾，则伐鼓、用牲，禜祭城门，以祈晴霁，俱照旧行仪注。

经过乾隆七年的干旱和徐以升的奏请以后，雩祭和禜祭得以固定的方式每年举行，各府州县遵照办理，泰和也不例外。

泰和县有雩祀的历史也非常悠久。根据县志记载，泰和的祈雨活动最早可以追溯到后汉时期，到了清代，其雩祭和禜祭仪式可以分为以下几类：

（一）常雩

雩祀有常雩和大雩，这些祀典在《泰和县志》都有记载。常雩是每年都要举行的祭祀典礼，一般在风云雷雨坛与祭祀神农一起举行。"岁四月上辛日，常雩。祀社稷山川，先农之神，于籍田所在地丁耗羡银内，支银六两筹办祭物。"[1]

---

① 光绪《泰和县志》卷三《建置·祠祀》。

常雩的仪式如下：

祭日，迎各神牌安置坛内，若因旱而雩，则依仿唐制，每七日先祭界内山川，次祭社稷，不雨，仍祈祷如初。再外省求雨，先祭海神龙王。先就祈祷因旱求雨，应于山川雷雨坛，诚以海为水府，龙为水神，礼以义起也，嗣后每日清晨，素服减从，诣坛行香七日，不雨，祈社稷坛七日，仍不雨，复祈山川坛如初，至如境内东岳城隍等庙，虽非方祀，应仿京师致告显祐宫之意，分令有司行香祈祷，民间禁屠宰而祭必以牲，用昭，特杀部议，甚明，自应遵用少牢，不得仍用蔬供。[1]

这些仪式，当时各府州县基本相同。

（二）雩祭

与常雩有所区别的是，雩祭是在干旱年举行的规模较大的祭祀活动，并非每年举行。岁旱祈雨，行雩祭礼，则先祭界内山川，次祭社稷，其余仪式与常雩相同。不雨，仍行祈祷，如果降雨了，要行报祭礼，祭祀的银两费用于公项支销。

清代光绪县志记载雩祭的祈雨礼仪式如下：

凡遇干旱祈求雨泽，先一日斋戒，禁止屠宰。至期各官朝服致祭山川坛，次日致祭社稷坛。祭品、仪注，俱照春秋祭礼，另用祝文。不饮福受胙。凡祭坛求雨日，委官雨缨素服，诣城隍庙、龙王庙，读祝文，行香两坛。祭毕后，各官每日同诣城隍庙、龙王庙行香，第七日为止。龙王庙行二跪六叩首礼，城隍庙行一跪三叩首礼。

---

[1] 光绪《泰和县志》卷十《礼书》。

凡七日内得雨，开屠，择日行报祭礼。同日先祭山川坛，次祭社稷坛，祭品、仪注照前，另用祝，饮福受胙。次祭城隍庙，次祭龙王庙，俱用祝文、祭品、仪注，照春秋祭礼行。

如七日不雨，或雨小不足，暂停开屠一日，仍斋戒如前，先祭山川坛，次祭社稷坛。委员诸城隍庙、龙王庙行香。各坛庙俱另用祝文。两坛祭毕，每日各官俱诣城隍庙、龙王庙行香，得雨后，报祭如初。

凡遇祈祷斋戒，致祭行香之日，尊部文，令僧、道诵经，委员查看，应自斋戒日为始。

于龙王庙诵经。知县委官查看，如干旱大甚，各官部祷行香。凡祭坛均穿朝服行礼，祭后仍雨缨素服。余日各庙行香，俱雨缨素服，惟报祭日，则各庙俱穿补服。凡祈雨，禁止屠宰，惟祭坛用牲，各衙门照常办事，不理刑名、不晏会、不声张、不鼓吹、不鸣金、不张盖，官衙相见戴纬帽，穿素服迎送。

祈雨礼的一些规定，也基本是遵照朝廷的要求执行。

（三）禜祭

禜祭与雩祭相反，是祈晴，祈求上天不要下雨，免除水灾，举行的次数没有雩祀频繁，也是重要的祭祀仪式。"岁淫涝为灾，则伐鼓用牲禜祭城门，以祈晴霁。其致祭银两于公项银内支销。祭文，各坛击器均详礼书。"

清代光绪县志记载，禜祭祈晴礼如下。

仪注：凡遇淫涝为灾，祈求晴霁，先行禜祭之礼。伐鼓，用少牢，视水来涌集最多之门而祭。先一日斋戒，禁止屠宰，惟祭门用牲。祭日，穿补服，行二跪六叩首礼。伐鼓，另用祝文、祭品。仪注照春祭致祭龙神之礼。城门神位，通考无明文，坛庙祀典载，以黄纸为之。书某府、州、县、卫城门之神位，报祭则焚之。黄为土色，有相胜之意，于神道为协。三日之内，禁屠、斋戒，各衙门照常办事。不理刑名，不宴会，出入不声炮，不鼓吹，不鸣金，不张盖。官员相见，纬帽常服。如三日仍雨不止，则伐鼓用牲致祭。社坛朝服行礼，另用祝文、祭品。仪注照春秋祭礼，不饮福受胙。祈祷之后晴霁，开屠，择日行报祭礼，另用祝文，仪注照前。惟社稷坛饮福受胙。

禜祭仪式，最重要的是要在水势最大的城门举行，一定要击鼓和用羊、猪等祭品，这种仪式从春秋时期一直流传下来。

祈晴和祈雨都要宣读祝文，其祈晴的祝文如下。

维年岁次朔月祭日泰和（某）官（某），致祭于城门之神曰：诏命临民，职司守土。惟兆人之攸赖，并藉神功，冀四序之常调，群蒙福荫。必使雨旸应候，爰占物阜而民安，庶其寒燠而咸宜，共庆时和而岁稔，仰灵枢之默运。[1]

大意是说，某年，某月初一，祭祀之日，泰和官员某某向城门之神祭拜祈愿：本官受天子诏命，管理这里的人民，职责守护好这片土地，它是百姓的依赖，还要依靠神灵的帮助。希望一年四季，风调雨顺，人民能够获得福祉。祈愿上天，雨水和阳光能够顺应自然节气，物产丰富，人民能够安居乐业，冬天不冷，夏天不热，共庆时令和顺适宜，岁岁丰收。仰祈神灵给我们带来好运。

祈雨的祝文也类似，各地不同，一般是请当地有学问的人士

---

[1] 光绪《泰和县志》卷十《礼书》。

撰写。

（四）祈雨故事

光绪《泰和县志》卷五《政典·宦绩》还记载了泰和历史上还有一些祈雨抗旱的人物和故事：

徐麟，淮海人，明朝永乐十六年（公元1418年）任泰和典史，赶上天气大旱，禾苗都枯萎了。徐麟率领众人刺臂出血，以血洒洒向天空，顷刻大雨倾盆，人民歌咏称颂。

吴必显，字德纯，明朝弘治三年（公元1490年）任泰和知县，重建谯楼，修葺衙署，每次遇到干旱灾情，向天祈雨，总是应验。因此老百姓士赋诗歌颂其好事。

四、与水有关的祠堂庙宇

祠堂庙宇，往往也祭拜本族治水祖先、水神或治水人物，它们也是历史水文化的一个重要组成部分，一般纪念有治水业绩的地方官员或传说中的水神，往往也与水旱灾害有关，为公共事务。

立庙祭祀，据县志记载，泰和有多处祭祀水神或治水人物的庙宇，也说明泰和历史上无论是民间还是官方，对兴修水利、除水害都非常重视。

农田水利的建设和发展对于地方文化的影响还体现在民间信仰上。江西居民庙祀最盛。地方民众为了保护农田，使农田免受洪涝灾害，除了大量建设圩堤外，还把自己的愿望诉诸于龙王、水神等身上，在圩堤上建立龙王庙、水神庙，以显示民众对于龙王、水神的虔诚信仰。

（一）周氏祠堂

祠堂是祭祀家族先人的地方，位于螺溪镇爵誉村的周氏祠堂

"久大堂"，是周氏家族祭祀其祖先的地方，保存了重要的槎滩陂历史遗存，是槎滩陂悠久历史的见证（图4-1）。它也是槎滩陂流域保存较好的祠堂，始建于明崇祯年间，是一座三进式砖木建筑，飞檐翘拱，气势恢宏，仿佛在重现周氏家族往日的辉煌和荣誉。祠堂前厅右壁上，嵌存着《槎滩、碉石二陂山田记》碑刻，左壁上则刻着《吐退文约》，这两篇碑文都是研究槎滩陂历史最重要的依据。

图4-1　爵誉村的周氏祠堂

此外，爵誉村保存了明清以来的基本格局和风貌，布局以宗祠为中心向四周延展。村中曾先后建有大小宗祠50余座，保存完好的还有30多座，其中包括始建于宋朝靖康至绍兴年间的康氏祠堂"孝德堂"、康氏支祠"复古堂""宝浩堂""敦叙堂"，同"久大堂"一同构成爵誉村古祠文化体系，无声讲述槎滩陂流域宗族变迁的历史。爵誉古村不仅在山水空间格局上有独特价值，同时"水—田—居"的景观风貌也凸显了赣中传统村落在整体宏观环境上的特色。这种传统的村落居住与农业生产和生态景观三者之间的关系十分和谐，村民就近耕种，利用现有水系引水灌溉，现在这种利用周边农田耕作发展的传统生产方式依然延续，是传统格局、人水和谐环境的历史延续，蕴含了丰富的水文明和水文化元素。

（二）禾山庙

光绪《泰和县志》中《舆地·古迹》载："禾山庙，《郡国志》云，太和县有禾山庙，雨旱民祈祷颇有应，后有道士烧之，岁为不熟。采《太平寰宇记》补。"禾山庙，又作木山庙。《太平寰宇记》撰于宋太宗太平兴国年间（公元976—984年），所引《郡国志》是汉代史书，按此说法，汉代时泰和就有祈雨或祈晴的活动，其水利发展的历史非常悠久。

（三）晏公庙

在三十九都江滨，旧传以祀水神，明洪武二十二年建。[①]

关于晏公庙为何祭祀水神，清赵翼撰《陔馀丛考》一书，卷三十五记载了晏公成为水神被祭祀的由来：

常州城中白云渡口，有晏公庙，莫知所始。及阅《七修类稿》，乃知明太祖所封也。时毗陵为张士城之将所据，徐达屡战不利。太祖亲率冯胜等十人往援，扮为商贾，顺流而下。江风大作，舟将覆，太祖惶惧乞神，忽见红袍者挽舟至沙上。太祖曰："救我者谁也？"默闻曰："晏公也"。及定天下后，江岸当崩，有猪婆龙在其下，迄不可筑。有老渔教炙猪为饵以钓之，瓮贯缗而下，瓮罩其项，其物二足，推拒不能爬于土，遂钓而出，岸乃可成。众问老渔姓名，曰"姓晏。"倏不见。明祖闻之，悟曰："盖即昔救我于覆舟者也！"乃封为神霄

---

① 光绪《泰和县志》卷三《建置·祠祀》。

玉府晏公都督大元帅，命有司祀之，吾常所以有此庙也。又《续通考》：临江府清江镇旧有晏公庙，神名戌仔，明初封为平浪侯。

由此可见，传说晏公曾为朱元璋的救命恩人，在大江风浪之中，把他救上岸，后又显灵，帮助人们铲除猪婆龙，阻止长江堤岸崩塌，防止洪水危害人民，所以明朝初年被封为"平浪侯"。又据《三教源流搜神大全》载："晏公名戊子，江西临江府清江县人，大元初以人才应选入宫，为文锦局堂长。"由此看来，晏公原为江西一地方的水神，能平息风浪，保护水利工程。经明太祖重视推崇，遂成为具有全国影响的水神，管辖全国水域，并命各地建庙祭祀。

明初，朱元璋诏令天下兴修水利，这种传说，有可能是官方为推行这一方针而作的舆论工作，以神灵的意志影响人们，通过修建寺庙，祭祀水神，使天下的人们都重视水利。泰和建晏公庙，说明当地官员对水利建设的重视。至今由于晏公庙的传奇渊源和百姓对晏公的敬仰，一些地方的晏公庙仍然年年香火旺盛。

（四）神惠庙

光绪《泰和县志》载："神惠庙，在慈恩寺右，明永乐二年建，以祀水神。"

关于神惠庙的来历，祭祀哪路水神，宋汪藻《浮溪集》卷十八《虔州神惠庙记》记载如下：

政和二年，江南西路转运副使臣临、臣根、提点刑狱臣景修、提举学事臣闻、提举常平臣迈言：惟虔州地卑薄，章、贡水出其中，泄发不时，辄冒城郭，败庐舍，民之仰食于田者户十万，俗皆窳无堤防畎浍之储，岁时丰凶以雨为节，故十县方千里，常以旱干水溢为忧。惟灵顺昭应安济王庙，在洪州吴城山别祠之，隶虔者三，负城之西北隅者，尤绝显异。政和元年四月，水至城下丈余，雨昼夜不止，吏民惴恐。臣景修率官属祷祠下，辄应。越六月，民穑在田，天则不雨，有艰食之忧。臣景修又祷，则又应。暨冬盐第之役兴，而常旸涸流，舟不得漕。臣根又祷，则又应。

臣等窃伏思雨旸天事，虽有智者，莫能力致，今乃取必于神，如责券探囊，无不如意，……是神有功于国甚著，有德于民甚厚。虽三被封爵之崇，而像设不严，名号不新，无以揭虔妥灵，愿诏有司议，所以褒崇俾民，奉承永远无怠。臣等谨昧死请制曰，可其以"神惠"为庙号。

虔州即今江西赣州，政和元年是公元 1111 年。可见神惠庙祭祀水神，最早始于北宋末年，起源于江西赣州，以"灵顺昭应安济王庙"赐"神惠"改名而来。因屡次在水旱灾害中祈祷应验，似有神助，有功于国，有德于民，所以建神惠庙，作为水神庙祭祀，祈求风调雨顺。神惠庙是江西地方性的水神庙，所以泰和有神惠庙也不奇怪。

（五）郭丞庙

光绪《泰和县志》载："郭丞庙，《通志》在白下驿，故址祀明驿吏郭俊，尝救水灾，立庙祀之。"

为一个普通的驿吏立庙，在历史上不多见。此驿吏一定是当时救水灾的英雄。至于其英雄事迹的具体情况，没有记载，现在不得而知。驿吏的工作是快马报信，掌管传递文书等。他应该是在传递救灾信息方面有突出贡献，为人民所纪念。

（六）唐公庙

"唐公庙，在三矶头，为明知县唐伯元所建，尝筑破塘口堤数百丈，以捍江水。民德之，因祠以祀。"[①] 唐公即唐伯元，字曙台，澄海人，明朝万历三年（公元 1575 年）由进士任泰和知县，修废举坠，政绩斐然。又留心水利，主要治水业绩是筑破塘矶，自窑头至将军渡，修筑矶岸共计七里，消除赣江水灾，保护沿岸居民生命财产安全，为老百姓所怀念歌颂，因此立庙以纪念。

此外，还有一些治水人物，虽然没有立庙，也因为其治水业绩卓著而被记载在县志中。卓洵，字士值，长乐人，北宋庆元年间（公元 1195—1200 年）以朝奉郎知泰和县，管劝农营田事，莅任时适遭虫旱，核减田租，留心水利，创置沿溪六闸，灌田万亩。[②] 也曾经创建了一个很大的灌区，造福于老百姓。

五、槎滩陂有关水利人物

历代以来，参与过槎滩陂维护管理的人物很多，限于资料，本书仅列出其中一些主要人物。

（一）周矩[③]

周矩（公元 895—976 年），字必至，号云峰，原籍金陵（公元南京年），泰和南冈周氏始祖，五代后唐天成二年（公元 927 年）进士，官至西台监察御史，中国古代水利名家。

周矩生活在我国历史上社会非常动乱的五代十国时期，兵荒

---

① 光绪《泰和县志》卷三《建置·祠祀》。
② 光绪《泰和县志》卷五《政典·宦绩》。
③ 有关周矩和周美的故事情节主要依据爵誉周氏祠堂的有关内容，以及萧用纮著《泰和历史名人》，江西人民出版社 2007 版。

马乱，民不聊生，改朝换代频繁，安居乐业艰难。尤其作为大都市的金陵，更是动荡不安。为避唐末之乱，于天成末年（公元930年），周矩携全家老少，跟随在吉州任刺史的女婿杨大中从南京迁徙泰和县万岁乡（宋改信实乡，现为螺溪镇），在这一比较安定的乡村定居。他买了几亩田土，期望过上安定、悠闲的田园生活。

可他寓居农村，更能体察基层民众的劳作和生活。当看到当地民众比较贫穷，甚至衣食无着时，忧国爱民之心使他坐不住了。他要弄清缘由，问个究竟，为民解难。某年初夏的一天，他见几个老农在树下乘凉，便走过去谈起来。他问："老伯，这里土地肥沃，人也勤快，可为何绝大多数人吃不饱、穿不暖、住茅草房，生活如此清苦？"老农回答说："先生，你不知道呀，当地水利条件差，水源缺乏，种田全靠天吃饭，遇到旱年颗粒无收，丰年也因缺水，一年只能种一季，且旱年多于丰年，虽沃野千亩，又有何用？今年看来又是旱年哟。""你们采取了什么措施吗？""我们年年烧香拜佛，扛菩萨做法事，但无济于事呀！只怨我们命苦，出生在这个鬼地方。"另一面黄肌瘦的老农无可奈何地说。

"那为何不兴修水利引水灌溉？"老农回答说："我们历来靠老天爷帮忙，何况没钱难办事，又无人组织，如何修水利？许多人只得背井离乡，外出谋生，如今万岁乡是百业凋零。"

一席话说得周矩忧心忡忡，茶饭不思，接连几日他都深入田间地头作认真的调查研究，盘算着兴修水利造福乡民之事。但兴修水利费时费事，且需要一大笔钱。思量再三，他决定独家承担这一造福民众之事。当他将想法同家人一说，立即遭到多数人的反对。虽说家里有些积蓄，算是大户，但一家人日后过日子要开销。周矩是一个有主见、敢作敢为的人。他最终说服家人，毅然开始兴修水利这一义举。

此后，周矩不顾风吹日晒雨淋，考察水源和地理环境，踏遍了螺溪、禾市、桥头等乡，以及镇的山山水水。经过考证，决定采取筑陂引水的方式，将水引来灌溉。公元937年冬，经缜密选址，精心筹措，独家出资，在澄水上游的槎滩村畔，以木、竹压为大陂，长一百余丈，横遏江水，开洪旁注，创筑槎滩陂。并在其下七里许筑减水小陂碉石陂，储蓄水道，使无泛滥。开渠三十六条，灌溉高行（今禾市镇）、信实（今螺溪镇）两乡农田六百顷亩。从而使易旱之地旱涝保收，皆成丰收良田。又购置参口山和城陂筱山，将每年山上的收入，供维修陂渠之用，使筑陂不侵用他人之财物，修渠不花费别人之钱粮。并规定，陂为二乡九都灌溉公陂，不得专利于周氏。他这一创举，惠及千万农民，使他们解决温饱，摆脱贫困。槎滩陂历经一千余年，经过历朝历代的多次维修，不断得到拓展和完善。解放后，泰和县政府又进行了三次规模较大的扩修，使这一古陂灌溉面积达6万亩，至今仍发挥着效能。

为开发民智，倡导科学，周矩在乡间还创办义学，教书育人，开启了崇尚科学，破除迷信之大门。

此外，周矩自避居螺溪南冈后，还利用河边开设贸易码头，便于货物集散。并设义渡，便于乡民往来。考虑乡间种植以粮食为主，设菓谷场小集市，开设商号、茶楼，经营布匹、百货、粮食、畜禽、柴炭木竹以及农具等，乡里成为远近四方农副产品的集散地。

周矩凿山筑陂、疏河导流、挖渠引水，造福人民，使旱灾频繁的高行、信实两乡变成了吉泰盆地鱼米之乡，建立了不朽的功勋，不但乡民称颂，且得到皇帝的嘉擢。南唐元宗保大甲辰（公元944年）八月，被晋封为金陵西台监察御史。

图4-2 周矩画像和苏辙赞词

据《爵誉周氏族谱》记载，著名文学家苏辙看到周矩的画像后称赞说："介以励俗，庄以持身。伟波风烈，柱石弥钦。惟观其道貌，雍穆仁义。宅心诚足步武乎前哲，而启佑乎后人。"（图4-2）苏辙何以和周矩有交集？考元丰二年（公元1079年），苏轼以作诗获罪，苏辙上书请求以自己的官职为兄赎罪，不准，牵连被贬官至筠州，今江西高安，而高安距离泰和不远。有可能在此前后，苏辙曾经路过泰和，留下了这些文字。苏辙对周矩的义举也给予高度评价，称赞其激励世俗的行为，并且勇于担当，身肩重任，成为社会的柱石，可以和先哲相媲美，可以给后人以启迪。

（二）周羡

周羡，字子华，号玉池，仆射派，祖居爵誉，举贤良方正。宋太宗太平兴国二年丁丑（公元977年）进士，仕银青光禄大夫，赠右仆射。

念先御史公创陂之艰，恐修筑无继，增买永新县刘简公庄田三十六亩，陆地五亩，鱼塘四口，火佃七户，坐本县六十四都沙稗树下，岁收子粒备修陂费之用，两乡永赖其利。元至正间及国朝正德以后，节被邻豪侵占，屡经告复，具有成案。仍蒙断租，供祭报本建长兴寺于本里，居僧祀之，施忌田一十七亩，坐五十三都列田，五世孙中和立仆射祠于寺左，割田以供祀事。生后梁均王贞明四年，戊寅五月十五，殁宋太宗淳化元年庚寅七月十三。

（三）周中和

周中和（公元 996—1074 年），泰和螺溪镇爵誉村人，宋仁宗天圣二年（公元 1024 年）进士。仕朝奉大夫、太常博士。至和元年持节奉使仁庙，受敕避帝讳，宋仁宗御笔亲易名中复。

他二十八岁入仕，从政四十多年。由太常博士知英州时，爱民有德政，断大事虽豪贵不避，它州邑有疑狱久不决者，总是移送到英州审理，因明断而人人折服。为此，宋仁宗特敕"遣恤刑狱，圜扉澄清"八字以示褒扬。提升为朝奉大夫，尚书屯田员外郎，散骑都尉，赐绯鱼袋。当时，昆季（兄周伦仕承议郎、周僭仕通议大夫）叔（周烈官学士大夫）并列朝班，宋仁宗侈称之，特赐里名"爵誉"，坊旌"儒学"，这是爵誉村的由来。治平二年（公元 1065 年），因年老乞归。曾巩《送周屯田郎序》云："士大夫登朝廷，年七十上书去其位，天子官其一子，而听之，亦可谓荣矣。"

周中和告老还乡后，他念先祖周矩创筑槎滩、碉石二陂之艰难而守成之不易，将周矩、周羡所置山地、田、塘交由诸有业者经营，供修陂之需，以图永久。于皇祐四年（公元 1052 年）撰文立碑，继先续励后世，曰："先公之善，不待一乡而已，为子孙者，当上念祖宗之勤，而不起纷争之，均受陂之利，而不得专利于一家，待食德之报，而不必食田之获。"如今刻于宋皇祐四年的《槎滩、碉石二陂山田记》碑，仍作为历史见证，镶嵌在周氏宗祠"久大堂"

的墙壁上。自此，加强了陂事管理，使陂渠得以保全，千余年而不倾圮，周中和之功不可泯。他家宗祠的一幅楹联，就是真实写照："槎碉惠民德千秋南唐矩公创业，爵崇誉隆吉万代北宋中和承恩。"他致仕家居，手不释卷，孜孜不倦，日课子弟讲读。

黄山谷时任县令，亲笔书题"儒学坊"匾，并赠诗赞："公仕归来特恩里，儿童灯下读书。西昌惟有周中复。"

图4-3 李英叔画像

（四）李英叔

李英叔（图4-3），讳一蜚（飞），号菊隐。生于宋开庆元年（公元1259年），殁于元至元二年（公元1336年），年七十有八，祖居南冈，得官承事郎、同知柏兴路事，以母老辞行，是孝的典范。

李氏家族祖上是官宦之家，自迁居泰和南冈后，至李英叔这一辈，已经积累了巨大财富。墓志铭称其"起家至巨万，比封君，倾其乡里"。而且美髯拂地，喜欢书法名画、异时宝玩，结交甚广，是当地有名的乡绅和富裕人家。从其死后墓志铭获得八篇文人官员的题跋，以及族谱中对其颂扬的文章可以看出，李英叔在当地社会上和家族历史上，都享有较高的地位。

李英叔生平事迹主要是行善事、做好事，不求回报，包括出资筑陂、修桥、建庵、设航渡等公益事业，出钱平籴以济凶荒，生前是当时仁义道德的楷模，死后多受褒扬。其中最主要的功绩是出资二万缗，募夫千名，凿石堤水，修筑槎滩陂，这一修筑槎滩陂的事迹，由于规模比较大，在当地反响很好，甚至当时乡人把槎滩陂称为"李公陂"，在槎滩陂的演变历史上，是一次重大的进步，后人叙述其生平时，都把修筑槎滩陂一事放在首位。

李英叔的另外一件令人称颂的善事，是在每年青黄不接的时候，以高价买入，低价卖出，宁可自己损失十分之一到十分之二，以接济穷人，如此行善五十年。遇到凶年，水灾或旱灾之年，劝导有钱人施舍救济穷人，常达到万石。资善大夫、南京兵部尚书萧维祯，在为其墓志铭作跋写道："募千夫堰水以溉田，发千石平籴以济匮，归颠越之货而却书生之谢，与夫桥庵航渡、观坛塔寺之施皆不靳，乃其积善行义之大者。"①

古人相信善有善报的道理，认为"积善之家，必有余庆；积恶之家，必有余殃"，认为人的善行和恶性，都会因为因果的轮回而得到相应的果报。这就是我们中国古老的一种思想。萧维祯的题跋云："其平生如此。其子孙相继而仕郡邑，官朝署，或职教于时，或擢作于乡，或毓秀庠序以待用，如蝉联、如珠贯，有以哉！传曰：仁者必有后。欧阳公云：为善，无不报验。于公盖信然矣。"南京刑部尚书、万安刘孜所撰的题跋称："咸章伯父桓圭，父信圭，季父介圭，皆学优而仕，善政在民，今咸章慎守家法，又将有以光大之，李氏之盛，讵有涯哉！传曰：积善之家，必有余庆。予于是尤信。"相信李英叔的后代相继为官，与其行善有因果关系。中国传统道德准则贯穿于中华民族悠久历史文化，历代圣贤推崇之，无数士大夫践行之。尤其是那些生前的"道德楷模"，死后因种种原因更是得到后人不吝辞藻的赞美。

① 萧用桁：《浅析〈柏兴路同知英叔李公墓志铭〉：古碑刻与传统道德》，《南方文物》2014年第3期，第189–191页。

（五）李如春

李如春，讳辅，生于大德壬寅（公元 1302 年），李英叔之孙。为翼义府万户侯，调南安路推官，所以也称南安公。文事武备，表著一时。与周云从等共同发起诉讼，讨回赡陂田产，并签订《五彩文约》。其曾孙李咸章后为明代的水部员外郎。

> 英叔之筑坏陂，如春之复侵田，则螺溪之田，昔龟革之拆，火烁之焦，而后之若膏沃涎漱数十里者，世世无改矣！

明代成化己丑，赐进士出身，奉直大夫屯田员外郎庐陵人罗崇岳写道："柏兴路同知英叔所买稿壤之田，通有无以济人，而不以为无利，惠众于当时者，慈也；贷纳无租之税，输有余以足国，而不以为病己，奉上于当朝者，忠也；捐万缗之钱，募千夫以筑陂，而不以自为自损，损遗泽于后世者，仁也。"

（六）蒋逸山

蒋逸山即蒋宗周，严庄村（今禾市镇）老居村人，字希柳，号逸山，生卒年不详，为蒋氏泰和始祖蒋季用第三子，蒋氏移居泰和的第二世，梅溪分派，元大德间授袁州学提举，及荐万安县事，以年老辞不就。

> 性慈善，乐施与，尝舍田七十石，该租米二百石与本府庐陵县清华观道士张天泉；又舍田十石与吉水立坛观道士；于本县五十七都置地建心田寺，舍田十石以膳僧人，又舍田一石五斗复与五姓，共田七石膳修槎滩、碉石二陂。性慈善，晚年乐田园山水之富，池台馆宇之华，乐施予，乡人之贫者，皆赖焉，邑之西郭，白湖塘边建心里寺，砌石塔，筑修临溪城浦桥，觉海桥，缮修禾市槎滩、碉石二陂，堰江水灌田万亩。

第五章 槎滩陂水利遗产的价值

槎滩陂是江西省最重要的灌溉水利遗产。它反映了不同的历史时期社会和人民群众物质文化以及精神文化的真实状况，它融进了创造者和历代水利工作者的思想、文化和价值，它是得到了社会承认的，包含着丰富的历史文化信息和科学信息，它独特的人文和科学价值，形成了当地社会文明的重要基石，对于构建当今文化价值体系具有十分重要的现实意义。因此从遗产到文化，从文物到文化遗产，槎滩陂的原真性反映的正是其表现形式和文化意义，是一种文物、文化遗产和科学的高度内在统一和内在契合。①

历史文物永远给人以文化和艺术的启迪。要想真正实现"古为今用"，就必须对文物的结构、材料、原始工艺，以及早期的运行情况，它的实用性、功能价值等方面进行深入探究，就必须在忠于文物造型、布局、工艺、功能等价值上进行传承，从而更好地发掘和传承我国优秀的古老文明。②

---

① 黄细嘉、李凉：《江西泰和槎滩陂水利工程遗产价值研究》，《南方文物》2017 年第 2 期，第 261–264 页。

② 刘颖、方少文等：《江西省泰和县槎滩陂水利工程的科学内涵探索》，《江西水利科技》2016 年第 1 期，第 44–47 页。

第一节　科学价值及内涵

　　文物的科学价值是文物价值内涵中的一个重要方面，反映了当时社会的生产力水平和科技水平。我们通过对许多文物研究，可以看出水利科技发展的历程。实践证明，各门科学史也都需要用实物来佐证。槎滩陂的科学价值可以从工程学、历史学和人文社会科学等几方面去理解。槎滩陂自南唐创建，至今已经千年有余，是江西仍在发挥防洪和灌溉效益的最古老的水利工程，它的水利史研究价值是毋庸置疑的。其从选址、规划到水工结构，都体现了江南水利工程的特点，被誉为"江南都江堰"。千百年来的工程结构演变，由土陂至土石陂，经过改建以后为部分石陂，再经改建后为石陂，至现在运行的混凝土陂。不仅水工材料不断改进，陂体结构也发生了变化。体现了水利技术的不断进步，也体现了当地劳动人民的聪明才智。尽管陂体在发展中逐步变化为混凝土结构，但后期的发展变化只是其最初功能的延续，从主坝基角处暴露的红条石可以追溯其早期形成的历史，真实地反映了其形成的基本特征及其信息。

　　槎滩陂自创建后的土陂运行了三百多年，它是如何运行的，土陂如何溢流，这些问题不仅对于研究槎滩陂的历史，也对于研究水工结构的演变历史、研究古代的筑堰技术具有重要意义。从土陂到石陂，反映了筑堰技术的普遍进步模式。根据记载，最初的土陂，其结构是以木头结拱。拱的结构怎样，以怎样的方式连结，木拱与竹、土是如何连为一体的，这些问题目前没有看到有关记载，它有关江南地区早期的筑堰方式，值得进一步深入研究。

作为灌溉史的重要工程，槎滩陂是中国古代南方山地引水工程的典范，也是南方农田水利工程技术水平的缩影，对于灌溉史的研究具有很高的参考价值。我国农业灌溉历史非常悠久，公元前三千年的黄帝时代就有灌溉的传说，大禹治水时也曾经"尽力乎沟洫"，发展灌溉事业。而通过考古发现的灌溉证据比这些传说还要早一些。但是南方的开发相对较晚，灌溉史的记载也比较少。江西见于史志文献记载较早的是西汉名将颍阴侯灌婴领兵驻九江时凿井供水，人称灌婴井，后淹塞。晋永嘉四年（公元310年），罗子鲁在分宜县西昌山峡断山堰为陂，灌田400余顷，号罗村陂，这是江西最早的较大引水灌溉工程。槎滩陂在江西也是兴建比较早的陂塘水利系统，而且灌溉效益显著，工程修建非常成功。至今仍然发挥作用，这在灌溉史上也是非常成功的案例。

槎滩陂的兴修促进了当地农业经济的发展。江西的传统农业，以稻作为主，吉泰盆地是江西的主要水稻种植区之一。中国第一部水稻品种专著《禾谱》的作者曾安止就是泰和籍。《禾谱》就是以泰和的水稻品种为基础写成的。《禾谱》写道："吉之壤正当古荆扬之交，《职方》二州，皆宜稻，而吉在其两间，兼二州之美。"良好的土壤条件和适宜的气候，是泰和水稻种植的有利条件。水稻种植对灌溉有比较高的要求，所以兴修水利对泰和的农业发展至关重要，是早期开发的一个重要条件，槎滩陂的创建，为泰和的早期开发提供了很好的契机。

研究江西的开发史，就不能不提到农田水利的建设。唐宋以后，江西的经济得到快速发展，江西人口也有较大增加，耕地不断扩大，水利建设也有较大的发展。唐代韦丹任江南西道观察使时大兴水利，修陂塘598所，灌田1.2万顷，并筑南昌堤闸防御洪涝。唐代后期至五代时期江西兴建了一些万亩以上灌溉工程，如抚州的述陂、博陂、千金陂，袁州的李渠，泰和的槎滩陂等都。水利建设的发展，有力地促进了农业生产的发展。唐代，每年江西漕（米）运渭桥仓者 126 万石，在全国经济中占有重要地位。

第二节　历史文化价值

历经千年的槎滩陂，不仅是水利工程，具有工程实用价值，也是重要的历史文物，是宝贵的文化财富。"所谓文物，就是对现代社会而言早于当前世纪的各个时期中那些具有科学价值、历史价值以及美学价值的物品。这类物件，是其创作者智慧的结晶，同时也是对当时社会经济、政治以及文化发展状况最直观的反映"，[①] 是具有科学、历史、艺术价值的古代遗物。随着社会的不断发展、人们思想的不断进步，对于槎滩陂的认识也在逐步深入，其文物价值逐步得以体现。槎滩陂 2006 年被评定为江西省第五批省级文物保护单位，2013 年被批准为第七批全国重点保护文物。一千多年来，它的规模和工程布置基本没有改变，除了陂体以外，还修建了大量配套工程，说明其最初的规划设计是非常合理的，不仅体现了创筑者的思想智慧，而且体现了历代以来水利工程技术的进步，是当地社会进步、经济文化发展的直观表现。

槎滩陂也是文化遗产，是历史上物质文化和精神文化的遗存。槎滩陂历代维修不断，留下了大量史料和记载，讲述着槎摊陂的历史故事，供后人研究。这些文物包括石碑和传记等，相关文物

---

① 丁艳波：《物修复对于文物价值体系的重要性》，《理论观察》2019 年第 2 期，第 137–139 页。

如周矩墓（图5-1）、古
祠堂、古碑刻、古牌匾等，
都具有古文物性质。这些
不同种类的文化现象融合
在一起，被广泛传播和传
承，也逐渐发展为该地区
的文化特色，值得研究和
保护。槎滩陂及周矩墓等
的存在对于研究中国水利

图5-1　周矩墓

史和古代水利建筑工艺、弘扬历史文化，也具有重要意义。

　　槎滩陂是当地水利技术发展进程的见证物，自槎滩陂创建以来，已历千年，至今仍然发挥巨大的经济效益，它是重要的水利文化遗产。2016年11月8日，在泰国清迈召开的第二届世界灌溉论坛暨国际灌溉排水委员会67届国际执行理事会上，该工程被授牌列入世界灌溉工程遗产名录。反映了不仅在中国灌溉史上，而且在世界灌溉史上，它占有一席之地。它直观地反映了江南地区堰坝水利技术发展的历史，也见证了历代以来当地劳动人民与干旱作斗争，开发水利技术，发展灌溉事业，进而促进农业生产进步的历史。

　　槎滩陂除了本身的文物价值，历代所形成的管理理念，以及随着社会进步而不断变化的管理方式，也折射出社会变迁对水利工程的影响。反过来，千百年来，围绕槎滩陂所形成的水利社会，也在很大程度上影响了当地人民的生产生活。这种水利工程的社会性，作为社会学研究的材料，也可以说是水利遗产的一个组成部分。

　　仁、义、礼、智、信，蕴含在"五常"中的中国传统道德准

则贯穿于中华民族悠久历史文化。槎滩陂的创建、维修和管理，始终受到传统儒家思想道德的影响。槎滩陂在创建之初，就体现了"共同受益"的原则，虽然说是周家独资修建，周矩在建成槎滩陂后，规定不得专利于周氏，当地百姓均可灌溉。据《槎滩、碉石二陂山田记》记载："……均受陂水之利而不得专利于一家，宁待食德之报而不必食田之获，惟知视其成毁而不得经其出入。"由此可看到，当地群众协议规定槎滩碉石二陂为两乡九都共同使用，而不仅供周氏一族使用，应造福于广大民众，此举深得群众拥护。后来受益的家族不断增加，一直到明清时期，成为公陂，槎滩陂水利系统惠及当地全体民众，体现了儒家的仁爱思想。元代制定的槎滩陂管理《五彩文约》，就是以仁、义、礼、智、信的儒家道德准则来标识的。

周矩不仅自己出资，创建槎滩陂时，还为后代着想，捐田赡陂，其子周羡则继续增买田产，用于槎滩陂的维修。创陂之艰，捐俸置田租正如后人评论："夫御史、仆射二公，当草昧之初，目击斯民涂炭，乃汲汲于浚井筑陂，是诚以乡之饥者，犹己饥之也。"当初在困难之中修筑槎滩陂，就是为老百姓考虑，把老百姓的饥寒当作自己的饥寒。所以获得后世里巷之讴歌称颂。

槎滩陂能够维持千年，一个重要原因，就是"公利于人，自足以感动乎人心"，使大众能够获得利益。

古人把公益事业认为是善行，在历代的维修过程中，有众多的食陂利者和不食陂利者，或者乡绅捐款捐资，助修槎滩陂。例如，元至正年间乡人李英叔出资二万缗，募夫千人，对槎滩陂进行了一次较大规模的维修。后人对其评论，"埒筑陂以灌乡田，平籴以厚乡民，好施予，济凶荒""其利益乡人，盖不可以数计，可谓大德而非小惠"，^①认为李英叔筑陂是善举，是一种体现了仁义道德的"大德"行为，而不是施与老百姓的小恩小惠，是不能用捐钱多少来衡量的。他做了许多好事、善事，但不求回报，是当时仁义道德的楷模，得官承事郎，同知柏兴路事，以母老辞行。

还有很多不计报酬，义务奔走筹资维修槎滩陂的志愿者。仅从民国二十七年重修槎滩陂的过程可以看出，重修槎陂委员会的人员全部都是义务工作，不领报酬，而且都有捐款。正如《民国二十七年重修槎陂志》所说："仁风广被，乡里同饮，登高一呼，群山皆应。"这些事迹，体现了中华民族传统美德。

周矩修筑槎滩陂的义举，还给后人以启示，做人以德为先，人无德则百事无成，做事要以人为本，不为己利。

第三节　旅游和经济价值

一、旅游价值

由于良好的生态环境，槎滩陂水利工程具有很高的旅游价值。它集文物、生态、风光、乡村文化、水文化以及工程等多种旅游资源于一体，具有旅游资源的多重性，具备深度开发的价值。

（一）文物旅游

槎滩陂本身是国家重点保护文物，上千年的石陂，体现了古人的智慧。领略千年古陂的风采，也可以了解古人筑陂的技术和历史。还可以通过兴建槎滩陂水利工程遗址公园，通过文物了解

---

① 萧用桁：《浅析〈柏兴路同知英叔李公墓志铭〉：古碑刻与传统道德》，《南方文物》2014 年第 3 期，第 189–191 页。

历史，了解古陂对于农业发展以及当地经济开发的意义。

（二）水利旅游

槎滩陂不仅是文物，也是当地重要的水利工程，陂堰型水利景区。湖光山色里流淌的不是水，是诗。水利旅游不仅是风光旅游，还可以普及水利知识，了解灌溉文化和灌溉历史，讲解槎滩陂为何可以获得世界灌溉遗产的称号。可以设立灌溉文化观光区，结合槎滩陂水利模型、水利图表等展示，以及泰和古代非常发达各种水车、水枧展示，介绍灌溉原理，讲解古人是如何进行车水灌溉和农业生产的。

（三）生态旅游

2017年，槎滩陂获批为省级水利风景区，现已在申报国家级水利风景区。

该风景区位于赣江的二级支流牛吼河上，河两岸树木葱郁，河水清澈见底，河底有水草和动植物。是夏天游人消暑纳凉的绝佳去处。景区离县城30千米，距泰井、大广高速出口及井冈山机场15分钟左右路程，交通十分便利。在这里可吃到正宗的泰和凉粉，水面如镜，是徐志摩笔下的那首诗。附近的村庄，水茫茫的田畴里，却是绿浪千重。几头牛儿在河边草滩悠闲地啃着青草，静静地听着小河淌水，一派宁静。毫无疑问，这得益于槎滩陂优越的自然地理环境和科学的设计、选址。

（四）文化旅游

槎滩陂流域的文化价值包括宗族文化、乡村特色文化和水文化。槎滩陂流域的宗族文化很有特色，它融合了古村落的文化特点，形成独具特色的宗族文化村落。比较典型的如爵誉古村，为周、康氏宗族的重要传承地与聚居地。今天爵誉古村中仍保存了众多与周、康氏宗族文脉发展延续相关的众多历史遗存，包括周氏大宗祠、康氏大宗祠等祠堂。同时爵誉村有优美的自然风光，村前武山巍峨，地势开阔平坦，阡陌纵横交错，沃野千顷。村后紧邻牛吼江，江水清澈，四季常流。村内古樟树、翠柏、桂树参天，山青水美。而且保持了古村落的特色，村落南、西高，东、北低，版图近似方形，整体布局严谨，功能布局合理，反映了中国传统古村规划建设的一种形式与发展模式。明清以来的古村风貌没有受到破坏，基本得以保持。

与水利有关的祠堂、庙宇、雩祭以及灌溉诗词文化广泛分布，值得进一步发掘和宣传。

二、经济价值

槎滩陂千余年一直发挥着灌溉作用，灌溉效益就是经济价值的最大体现。筑成初期，就能灌溉高行、信实两乡九都六百顷亩田地，将薄田变成沃土，泽润千年，使槎滩陂流域村落增加、人口繁衍，经过不断拓展和完善，原本旱灾频发的高行、信实两乡的社会经济状况乡有了极大改善，槎摊陂不仅实现了"除水害"，还在"兴水利"方面做出了巨大贡献，

槎滩陂在历代抵御旱灾方面做出了重大贡献，槎滩陂在禾溪之上游，凿渠三十六，分布于信实、高行两乡，泰和水利莫大乎是。例如，光绪戊戌年，周君敬五偕里人胡君出私财修筑。工甫竣，以旱告。己亥、庚子两年，他处禾多槁死，而陂之所注独以不失水，庆丰年，予闻而匙之 [1]。一般的旱灾之年，槎滩陂流域还能略有增产。

---

① 孙捷、廖艳彬：《传统基层水利设施管理的近代化——以槎滩陂水利工程为例》，《江西社会科学》2009 年第 12 期，第 116 页。

进入现代，槎滩陂的灌溉和供水作用日益凸显，陂水惠及泰和、吉安两县的禾市、螺溪、石山、永阳4个乡镇农田，灌溉面积达到5万多亩，进一步提高了地区的农业水平，其在当代发挥的防洪灌溉和保证农业丰收的作用越来越大。表5-1列出，泰和县几个大中型蓄水工程与槎滩陂引水工程灌溉效益的对照，槎滩陂虽然规模不大，但是从灌溉效益来看，相当于一个大型的蓄水工程。

表 5-1　泰和县槎滩陂引水工程与其他大中型蓄水工程灌溉效益对照表

工程名称	类型	坝高（米）	有效灌溉面积（万亩）	备注
老营盘水库	大型蓄水工程	51	4.3	1984 年
缝岭水库	中型蓄水工程	32	2.2	
芦源水库	中型蓄水工程	27	2.8	
洞口水库	中型蓄水工程	31.5	2.2	1984 年
槎滩陂	引水工程	4	5	1984 年
梅陂	引水工程	0.8	4.4	

第四节　千年不败的奥秘

槎滩陂自创建以来，已经一千多年，至今仍在使用，而且灌溉效益继续扩大。槎滩陂是中国古代农业灌溉文明的代表性工程，是古代山区引水灌溉工程的典范。槎滩陂能够永葆辉煌，其原因是多方面的，主要原因在于创建人周矩的合理规划和目光长远。严格意义上说，今天的槎滩陂已经不是周矩初创时的槎滩陂，但是它的规划设计理念没有变，其主要的渠系工程历代沿袭。

千年不败，原因古人已经注意到："盖由其见之也明，故其策至高也，其虑之也远，故其计至长也。"简单地说，就是：见之明、策至高、虑之远、计至长。见之明，可以认为是创建槎滩陂的目的性清晰明确，认为修建槎滩陂很有必要，是一个为民造福的工程，决策是非常高明正确的。策至高，是说槎滩陂的选址、规划和修建，在当时都达到较高的技术水平，能够因地制宜，成功完成其工程。它的规模，在当时的吉州也是最大型的一个灌溉工程。虑之远，是说槎滩陂在创建之初，就有长远考虑，购买山田，作为长久的赡陂之费。计至长，可以理解为，把槎滩陂作为公益事业，能够得到大众和官府的支持，也是槎滩陂能够长期维持不败的主要原因之一。

从现代水利工程的角度考虑，槎滩陂能够延续千年，其原因大致可以归纳为以下几点。

一、长期坚持的公共属性

公益性，是槎滩陂能够长期维持不败的首要因素。

槎滩陂自创建之初，就确定了其"不得专利于一家"的公共属性，并且此后长期不变。正是由于它的公共利益属性，历代以来，它能够得到官府的支持和民众的拥护，经费能够保持正常供应，从而保证它的运行和维修能够正常进行。正如明代嘉靖四年（公元 1525 年）萧士安撰《槎滩碉石陂事实记》一文所说："夫自宋迄今亘数百年，其间屡侵屡复，兴废凡几，而卒能世守勿替者，何也？良以其祖宗之制作，公利于人，自足以感动乎人心之同。"公利于人，感动人心，是对槎滩陂公益性的最好描述。

二、持续稳定的灌溉效益

持续稳定的灌溉效益是槎滩陂得以不断延续生命的前提，槎滩陂的建设是在当地缺少灌溉的条件下实施的民生工程，它对民生的支持作用体现在对农业生产的促进作用。槎滩陂修建之前，高行、万岁两乡的很多土地都是硗确之区，"里地高燥，力田之人，岁罔有秋"。土地没有灌溉，农业收成十分有限，而当地的农业主要是种植水稻，没有水就无法耕种，因此对灌溉水的要求十分迫切。槎滩陂的创建解决了很多旱地的农业用水问题，这是槎滩陂能够千百年来长期维持其生命活力的根本原因。

槎滩陂自创建时，灌溉效益就十分显著，以后历代维修不断，灌溉效益持续扩大，并且比较稳定。新中国成立后，一直到21世纪，灌溉面积又有较大增长，据1965年和1983年的资料，灌溉面积达到5万亩。2012年《泰和县志》记载："设计灌溉面积4693公顷，有效灌溉面积4133公顷，实际灌溉面积2606公顷。"相当于设计灌溉面积70395亩，有效灌溉面积61995亩，实际灌溉面积39090亩。它是维持这一地区农业生产的基础设施，历代以来都受到地方政府和乡绅的重视，捐钱捐物，历代维修，得以不断焕发出生命活力。

三、科学合理的规划设计

科学的规划设计理念也是槎滩陂千年不败的重要因素之一。

第一，合理利用自然环境条件。槎滩村畔河道宽阔，水流流速缓慢，且河床基岩质地坚硬，抗冲性能较好，致使陂坝免遭冲毁。始筑时，通过对个别河段实施拓展以至裁弯取直，巧妙地顺应自然地势和水流规律，实现引流灌溉，在此后的多次修缮中，为满足引水、防洪和通航的需求，充分利用河流水文以及地形特点布置工程设施，在没有改变河流特征的条件下，通过一些工程设施实现了灌溉水合理分配到田间，满足居民生活用水。

第二，槎滩与碉石相辅相成。工程始建时不仅建有槎滩陂，为使主河道水资源得以充分利用，且防止大水时淹没农田，还在陂下游约 3.5 千米处伐石筑减水小陂——碉石陂，在约 30 丈又于近地处凿渠 36 支，实行分支灌溉，两陂一个主蓄，一个主疏，上下呼应，功能互补，利于农业生产。

第三，充分发挥实用功能。古时水运是经济的命脉，为保障船、排能顺利通行，槎滩陂在陂左侧设置大小泓口。这种超前的设计理念不仅有利于该陂长久发挥效益，也为航运的改善进行了有益的尝试。

古陂设计合理，坝址选址在河床坚硬、水流缓慢处，以免遭冲毁，并在陂上设置大小泓口，供船、排通行，保证航运畅通（图5-2）。主坝建成后，周矩父子带领乡民开挖灌溉渠道 36 条，使当时禾市镇和螺溪镇 9000 多亩田地变成吉泰盆地的鱼米之乡。

图 5-2　槎滩陂渠首布置图

四、历朝历代的不断维修

槎滩陂至今运行已千余年，历朝历代为不断完善槎滩陂对其进行了大大小小的维修和加固，由最初的土陂，明代演变为土石陂，至民国时成为砌石陂，新中国成立后又改建为混凝土陂，虽然经过多次洪水破坏，每次都能及时修复。历代以来，屡修屡坏，屡坏屡修，或好义而解囊，或按田以派费，得维系于不坠。如元代时就曾经"每岁屡筑，筑已辄坏，殆不可筑"，经李英叔修筑完固。至民国四年时（公元1915年），"洪水为患，败坏已极"，经境内、境外诸善士大公无私，捐钱修复。民国二十七年（公元1938年）"迭年洪水冲决，以致农村凋敝，经费难筹，荏苒至今，败坏殊甚"，经艰难筹款维修后"其工程之坚实，与规模之宏伟，为全赣所罕见"。正是这些不断维修，使槎滩陂不断焕发出活力，使其灌溉效益能够不断维持并扩大。

尤其是在新中国成立后，为进一步完善槎滩陂古代水利工程，更加充分地发挥其灌溉功能，江西省人民政府投入大量的人力、物力对槎滩陂进行了多次维修加固，并明确规定槎滩陂水利工程由泰和县水务局槎滩陂水管会负责保护、管理、维护。然而经历了数次维修，槎滩陂仍在原有的位置上保持着最初的工程形式和布局，且保存完整，整个工程除在陂坝表层和渠道底面增设混凝土保护层，加固加高陂坝，维修筏道、排沙闸干渠等，其他工程设施、布局和功能等均保存较好，且至今仍持续发挥着引水、灌溉、通航、发电等综合功能。

五、与时俱进的管理方法

所谓与时俱进，就是槎滩陂的管理体制和方法随着时代的变迁而适时调整。槎滩陂初建时是土陂，很容易被洪水冲毁，所以管理维修是非常重要的。以后在相当长的一个时期内仍然是土石陂，漏水、毁坏问题仍然相当严重。针对这种情况，历代以来，槎滩陂实施了比较严格的管理制度，是槎滩陂能够沿用千年且长久发挥效益的重要保证。槎滩陂从南唐时期由周姓家族单独负责，组织维修与管理，购买山田，保证维修材料和经费的来源，到元朝由周、蒋、胡、李、萧五姓实施的"乡族式"轮流管理，在官方的支持下在元至正元年（公元1341年）制定了《五彩文约》，实行陂长制，责任落实。到明朝演变为"官督民办"和"民办官助"形式，实行陂长制的公共管理，直到民国时期，陂坝的组织维修与管理采用"官民合办"的形式，其合适的管理制度、管理经验主要体现在：一是隶属关系明确；二是管理制度科学。周矩及其后裔对槎滩陂以人为本的管理体制一直沿用至民国时期，对当地的社会关系产生了深远的影响。

六、人水和谐的生态理念

槎滩陂是人水和谐相处的杰出典范，古人在当时的自然条件下筑堰，虽然没有人水和谐的概念，但是他们能够遵循自然规律，因地制宜。工程顺应自然、巧妙利用河势水情进行规划和布局，经过踏勘，选择具备合适水文、地质条件的地方筑坝。减少筑坝对河流的影响，同时也减轻洪水对坝的破坏，减轻泥沙淤积，体现了先人的治水智慧。这其实就是最原始的生态理念，是槎滩陂

千年不败的重要因素之一。

槎滩陂在修筑过程中，完整地保存了河流本身和流域的原始生态。始筑时，通过对个别河段实施拓展以至裁弯取直，巧妙地顺应自然地势和水流规律，然后开渠，实现引水灌溉。为满足引水、防洪和通航的需求，充分利用河流水文以及地形特点布置工程设施。此后历经宋、元、明、清等几个朝代的多次维修改建，在没有改变河流特征的条件下，通过一些工程设施实现了灌溉水合理分配到田间，满足灌溉和生活用水。

槎滩陂修筑时所使用的材料均是就地取材，充分利用槎滩陂两岸的木山和竹山以及石山作为工程的主要材料来源，筑陂用的土则取自于附近的山上，简便易行，节省了人力和物力。天然的工程材料也以另一种方式与自然保持着和谐统一，使得槎滩陂工程成为名副其实的"亲自然工程"。这些智慧的创造，都源自于对人与自然关系的深刻认识。不管是工程形式，还是建造材料，都反映出槎滩陂追求人与自然"和谐统一"的水利理念。

槎滩陂经久不毁，还在于它能够很好地处理泥沙问题。槎滩陂是"低作堰"，加上上游山区森林茂密，植被完好，堰坝泥沙淤积少，所以无需"侧淘滩"，沿用至今。同时，选址在河床坚硬、水流较缓的槎滩村畔，陂高经精心计算，可免遭冲毁。水陂左侧还设置了供船只、竹排通行的水道，保证了航运畅通。

第六章　槎滩陂水利遗产的保护及开发

槎滩陂既是文物，也是在用的水利工程，既要保护，也不能不顾它的实用价值，因此面临开发利用和文物保护的矛盾。单纯的保护难以实施且不利于其发展，在保护中开发，在开发中保护，才能使水利遗产达到新与旧的传承，才能使水利遗产传承千年仍造福百姓的先进性传承下去。

槎滩陂的开发利用包括，作为水利工程，需要发挥其灌溉效益，需要不断采取维修加固等措施，老旧的材料必然要更换，对灌区的扩建改造等，都会对文物造成损害。另一方面是作为景区的开发，根据水利遗产的特性，发展生态旅游，打造水利风景区是目前常见的一种水利遗产保护性开发利用模式，对遗迹、遗物有所改变，也和文物保护有所冲突。如何处理好槎滩陂开发利用和保护的矛盾，许多学者对此进行了研究。主要的成果有王姣、刘颖、彭圣军、钟燮《江西省在用古代水利工程概况及保护现状》，廖艳彬、田野《泰和县槎滩陂水利文化遗产价值及其保护开发》，钟燮、黄爱红《江西省泰和县槎滩陂水利工程的保护与利用研究》，李敏婷《槎滩陂水利工程保护和开发利用研究》等论文，对这一问题进行了充分的研究和详细讨论。本文综合几篇文章的观点和意见，对这一问题阐述如下。

第一节　槎滩陂遗产现状

槎滩陂距今已有一千余年，是一座仍在发挥灌溉和供水等功能的古代水利工程。槎滩陂水利工程总体保存完整，其工程布置基本维持历史状况，但坝体历史上经过多次维修改建，由土陂到石陂。原先的土陂是如何运行的，已经看不到，石陂也只能看到基础部分。现在的陂体是新中国成立后对槎滩陂改扩建后形成的，坝体表面已经用混凝土包裹，与古代的土陂或者石陂有所不同，作为遗产，主要是它的选址、规划、设计以及遗迹部分。

自然环境现状。槎滩陂有着优越的自然地理环境，其所在的螺溪镇爵誉村人文历史源远流长，是著名的千年古村，林木葱郁，水绿相映，山水相融，是典型的由山、水、林、田构成的美丽自然人文景观。爵誉村村前武山巍峨，地势开阔平坦，阡陌纵横交错，沃野千顷，槎滩陂水由南而北缓缓流去；槎滩、碉石二陂坐落于禾水支流牛吼江上，牛吼江流经山脉，蜿蜒曲折，江水清澈，四季长流，为槎滩陂的发展与传承提供了良好的自然禀赋。

槎滩陂枢纽工程由拦河坝（主坝、副坝）、筏道、排砂间、引水渠、防洪堤、总进水间组成。现存坝总长 407 米（含沙洲），分为主坝和副坝两部分。主坝（图 6-1）顶高程 78.8 米，长 105 米，高 4 米。副坝（图 6-2）顶高程 78.5 米，长 177 米，高 4.1 米，坝顶宽 7 米，坝底宽 18 米。

主坝和副坝各设有一孔冲沙闸，能有效解决坝前淤积问题。筏道宽 7 米，水渠自西向东依次流经禾市镇，在上蒋村时又分为南北两条支流，分别称为"南干渠"和"北干渠"，继而流经螺溪镇及石山乡，在三派村汇入禾水。南北干渠和石山干渠总长 35 千米，有倒虹吸管 1 座、隧洞 1 座、大小渡槽 246 座、分水闸 17 座、铁水闸 3 座。渠系分总干、干、支、毛三级，呈竹枝状分布。总干渠自引水口起，至槎滩陂水管会低水头电站之后进入北干渠（老干渠），继续灌溉禾市镇、螺溪镇两处地势较低的古老农田，总干渠在进入电站之前分水进入南干渠，使上游地势较高的农田也得到自流灌溉。干渠总长 35 千米，有倒虹吸管 1 座、隧洞 1 座、大小渡槽 246 座、各级渠道上建有分水闸 17 座、退水闸 3 座。

图 6-1　槎滩陂主坝

图 6-2　槎滩陂副坝

渠系布置情况：总干渠从引水渠至上蒋电站止，全长 2.5 千米，设计引水流量 7.17 立方米每秒。北干渠由上蒋电站尾水起经梅枧、增庄节制闸、严瓦、江口到刊塘村止，全长 9.2 千米。设计引水流量 2.78 立方米每秒。南干渠由水管会起经院头、西岗、中房到三都村止，全长 9.2 千米，设计引水流量 2.74 立方米每秒。石山支渠起于保全村庙下，止于石山乡的郑洲岩隧洞出口，引四二江之水灌溉农田，全长 8.7 千米，设计引水流量 1.25 立方米每秒，支渠 20 余条长 80 千米。

灌区现有拦河坝 2 座，小型发电站 1 座，总装机容量 160 千瓦，年均发电量 80 万千瓦时。

槎滩陂是中国古代灌溉农业文明的代表性工程之一，是中国古代山区引水灌溉工程的典范，其因地制宜的工程规划、系统完善的工程体系、科学有效的管理制度，保障了农业灌溉等综合效益的持续发挥，保障了区域政治经济文化和社会的持续发展，见证了该区域自然社会的变迁。槎滩陂 2013 年被国务院核定为第七批全国文物重点保护单位，2016 年 11 月入选世界灌溉工程遗产名录，2017 年获批为省级水利景区（表 6-1）。

表 6-1　槎滩陂公布为文物保护单位和入选世界灌溉工程遗产和水利风景区一览表

时间	文物级别及所获荣誉
1989.6	公布为县级文物保护单位
2006.6	公布为省级文物保护单位
2013.3	公布为全国重点文物保护单位
2016.11	世界灌溉工程遗产名录
2017	公布为省级水利风景区

第二节　槎滩陂遗产存在的问题和保护建议

槎滩陂目前存在的问题主要在管理、宣传、资金、文物保护、生态环境保护以及旅游开发等方面。

一、存在的问题

目前管理体系还不够完善，槎滩陂水利工程管理机构为泰和县槎滩陂管委会，但管理队伍比较薄弱，难以对文物进行真正有效的保护。缺乏有效的宣传手段，槎滩陂作为江西省唯一的世界灌溉工程遗产，具有重要的历史价值、文化价值和工程价值，没有做好相应的宣传和推广工作，导致槎滩陂在国内外的知名度不高，还处在"养在深闺人未识"的境况，使得其深厚的水文化底蕴没有得到充分发掘延伸。但档案信息量和质量有待完善，未做数字信息化建设，历史文献的收集和整理方面尚有不足。

文物保护方面，由于槎滩陂至今仍然在发挥灌溉效益，需要不断维修和改建，因此存在维修改建和文物保护的矛盾。而历代的维修改建，使得槎滩陂初始的土陂状态已经完全不存在，而且早期土陂的修筑方法，目前也不是很清楚。对于早期的灌溉范围和灌溉效益，均没有准确的说法。现存最早的条石，为元代李英叔更换的条石，而陂体大部分是新中国成立以后的混凝土结构。所以在今后的改、扩建过程中，必须注意保护现有的遗迹。

工程保护和环境生态保护的法治宣传力度不够，存在人为的影响和破坏。槎滩陂附近有当地居民居住，村民们从事生产和生活也对坝址区造成了一定程度的影响，特别是在枯水期，坝址裸露水面，当地居民把坝址当成道路，人、畜、车辆在上面通行，使坝址本体遭到损坏，严重威胁旧址安全。另外，违法建设活动和不合理的农业生产，造成槎滩陂周边存在不协调的环境风貌。槎滩陂周边有较多现代建筑和广告牌，新农村建设的水泥硬化地面，生活垃圾处理不当等，严重影响文物本体历史格局和风貌。

随着槎滩陂旅游景点的开发，其所在区域的生态环境也遭到一定的破坏，管理部门当前仍是以"治"为主，缺乏"防"的思想，这也直接导致了槎滩陂旅游业开发缺乏风险预防机制，旅游业开发过程中遇到的问题无法及时采取有效措施应对，间接导致了旅游业开发进程缓慢。当前，周边村民毒鱼、电鱼等破坏渔业资源的活动在槎滩陂景区时有发生，其中非法电捕鱼最为恶劣，甚至有村民在槎滩陂水域因电鱼落水溺亡。居住在槎滩陂水利工程附近区域的村民乱扔乱丢生活垃圾、排放废水废物等行为时有发生，严重破坏了槎滩陂的生态环境，其根本原因在于当地对槎滩陂保护的法治宣传力度不足，缺乏法治宣传教育的指引。围绕槎滩陂的一些工程建筑、文物古迹湮毁严重，破坏了槎滩陂水利文化遗产和景观的保护与开发。

安全问题也是旅游开发中不可忽视的重要方面，槎滩陂的开发利用缺乏安全防范措施，各项安全措施与管理制度均不完善，落实不够。最近两年，曾经发生过游客被湍急的水流冲至槎滩陂中间近两米的落水洞口险些遇难的事件。这些都说明，在槎滩陂水利工程开发利用管理中，缺乏安全防范意识与相应的配套措施。

保护经费不足，经费来源较单一，存在较大的资金缺口，保护经费远远不能满足槎滩陂保护的需求。槎滩陂水利工程遗产坝址及其附属文物（例如古碑刻、古牌匾）已经被列为第七批全国重点文物保护单位，相关文物已得到适当保护。但是目前存在多种因素对槎滩陂文物保护构成威胁，例如雨季洪水对坝址的冲刷、枯水期当地居民在坝址上行走等等。

自然灾害的威胁仍然存在。槎滩陂遗址地处亚热带季风湿润气候，年降水量达 1726 毫米，集雨面积 1070 平方千米，汛期水流量大，尤其是在夏季，雨水尤其多，坝址长年累月经受风雨的冲刷和侵蚀，损坏较大。且目前未对古坝形成有效的保护措施，防灾设施不足，无法应对山洪、滑坡、水土流失等自然灾害的威胁，文物本体及其周边环境易遭到破坏。没有有效的防范和保护措施，坝址安全受到威胁。

槎滩陂旅游景区的设施建设落后。显然槎滩陂的水利文化底蕴和旅游资源优势尚未被完全挖掘，其旅游规划项目在主题、定位、空间布局和总体规划等方面虽然下了很大的功夫，但从目前的建设情况来看，道路交通、供电供水、垃圾回收等旅游服务设施建设进程缓慢，相关配套设施仍不完备。此外，槎滩陂旅游景点的旅游路线缺乏指引。虽然周矩纪念碑、世界灌溉工程遗产纪念碑、槎滩陂流域地形模型、观景台、文化墙等均已完工，但是旅游路线缺乏指引，游客只能按照原有生态路线观光游览，对该区域内是否还有其他的特色景观毫不知情，这样不利于打造吸引旅客的精品旅游胜地。

槎滩陂的开发利用缺乏精品旅游项目，资源价值未深入开发。槎滩陂有着悠久的历史文化底蕴，但其历史文化价值未真正被挖掘出来。目前的建设仍是以"美丽乡村"建设为主，牛吼江两岸拥有美丽的环境和宜人的田园风光，但缺乏新颖的旅游项目，不利于旅游经济的增长。

槎滩陂旅游开发的产业化程度较低。槎滩陂目前缺乏招商引资能力，不利于当地产业结构的转型升级。其中的原因主要是缺乏精品、专业项目，且槎滩陂水利系统对生态环境质量有着较高的要求，不宜大力招商。目前，槎滩陂的项目少，在槎滩陂风景区进行商业活动的都是些小摊贩，产业化程度低，但是他们对生态环境却起不到促进的作用。

二、开发和保护建议

对于槎滩陂的现状和存在的问题，研究人员和学者提出了建议，主要对于保护和开发提出了一些针对性的建议。

加强槎滩陂水利工程的保护和利用的科学规划。在不破坏原

生态的情况下，整合槎滩陂流域旅游资源，对槎滩陂水利遗产景区进行合理的规划、设计、施工，采用传统工艺和原生态建筑材料，维护槎滩陂历史风貌，保证其生态性与真实性。科学评估槎滩陂水利资源状况，科学合理确定区域内游客承载量，设计集遗址游览、河渠体验、水田观光、村落寻访一体化的人文生态游览路线。同时谨慎合理地进行槎滩陂水利保护和旅游开发，确保槎滩陂流域的生态安全。尽快编制科学实用的《槎滩陂水利工程遗产保护整体规划》和《槎滩陂生态文化旅游开发整体规划》，要充分考虑槎滩陂既是水利历史遗产又是水利灌溉工程的双重属性，做到合理规划、有序保护。

整合槎滩陂地域文化资源，大力发展绿色经济。槎滩陂具有的水利文化遗产价值和所在区域优美宜人的生态环境是发展绿色经济不可估量的资源。集中把槎滩陂历史遗存、特色景点等独特的地域资源整合为经济优势，把景区串联成一体，以水带景，以水带村，使各景区交相辉映，系统全面地展现槎滩陂独特的地域文化内涵，以此带动当地经济发展，将槎滩陂地域文化推向全国，以此提高当地的知名度、竞争优势和人民生活水平。

（一）加强管理和宣传

加强风险防范预警机制，建立多元保护管理机制。在槎滩陂水利工程保护中，应增强"预防"的管理理念，科学制定槎滩陂旅游开发风险预防机制，防控槎滩陂保护与开发过程中的不可预测的风险与损害。完善槎滩陂水利工程管理制度，尽快建立多元化保护管理机制，建议由县政府牵头，槎滩陂水委会执行，建立政府＋社区＋群众＋非政府组织（专家学者）"的多元化管理保护机制。由社区和居民维护流域内水土保持和环境卫生，抵制破坏槎滩陂水利工程遗产的行为，并对社区给予适当补贴，调动居民自觉主动维护槎滩陂的积极性。其他非政府组织负责对槎滩陂水利遗产的规划与发展献计献策，并实行监督之职责。多方共同协调解决槎滩陂水利工程利用中的问题，对其进行最大化的科学保护。

建立科学有效的管理体制和专业的人才队伍，建立协调机制，统一部署，统一安排，协调解决保护管理过程中出现的各类问题。设立槎滩陂保护指导委员会，办公室设在槎滩陂管理委员会，专门负责槎滩陂的保护工作，建立各级保护管理制度，执行对其保护的监督，通过与专家沟通对保护规划、实施方案进行编制，与专家论证有关工程的维修发展、遗产的保护等工作。槎滩陂具有历史文化价值的相关历史文物的保护和管理，应按照《中华人民共和国文物保护法》的规定执行，将槎滩陂水利工程遗产的保护与管理纳入水利工程的日常管理中。在保障槎滩陂可持续发挥其水利工程功能的原则下，日常工程管理应符合水利遗产保护的需求，避免对遗产造成不可逆的负面影响。涉及槎滩陂遗产的改建、扩建、施工等，要有专项规划、报批手续，按程序审批，编制规划或实施方案应委托具有文物保护工程勘测设计资质的单位。保护好槎滩陂水利工程，关键在人，应加强专业队伍建设，建立一支专业性强、实践性强的人才队伍以充实管理队伍。另外，还可以通过对在岗的职工进行专业化培训，逐步熟悉和掌握文物保护方面专业知识和相关法律法规，提高管理水平，强化管理队伍。

加强价值挖掘，加大宣传力度。目前国内有关水利工程遗产和古代水利工程的研究工作早已陆续开展，并已取得较大的成果，但由于之前的宣传和推广工作不到位，槎滩陂并不广为人知，有关槎滩陂作为水利遗产所蕴含的遗产价值、特性，保护与利用等等均迫切需要开展研究。具体到其工程的设计施工、管理制度、历史文化等都需要做深入的研究，研究所涉及的领域较多。通过挖掘探索槎滩陂的遗产价值对宣传生态理念、提高水文化影响力、总结工程历史经验、指导现代水利建设都具有重要的意义。槎滩陂的保护工作需要社会各界的共同参与。通过网络媒体和纸质媒体分别对槎滩陂进行宣传，例如创建水文化科普基地、制作宣传册、开通微信公众号、拍摄槎滩陂保护宣传片等多种方式，加大科普宣传力度，普及保护知识，提高社会各界对槎滩陂的认知，增强水利遗产的保护意识。

加强对槎滩陂有关历史资料和文学的整理发掘。槎滩陂水利系统历史悠久、文化底蕴深厚，但受自然和社会条件影响，目前所能看到的历史文献资料缺乏或者不全，仅仅在地方志中有简略记载。而涉及古代槎滩陂维修、管理人员的宗族族谱，目前仅有近三十年来所修的新版，过去的旧版基本毁损，或者数量不全。有些族谱记载相互矛盾，或者不太准确。所以应当进行一些深入的研究工作，结合泰和水利史、水文化的研究，整理出版，以扩大影响。

完善整体流域规划和管理细则，尽快编制科学实用的《槎滩陂水利工程遗产整体规划》和《槎滩陂水利工程遗产保护规划》，做到规划先行，进行有序保护。制定规划时，要充分考虑槎滩陂作为水利历史遗产和继续使用的水利工程的双重属性，以陂坝为中心，划定有效保护边界，并设置缓冲区，在保护的同时，兼顾农业生产和社区发展。

（二）注重文物保护和生态环境保护

贯彻保护优先原则，加大历史文化和生态环境保护力度。历经千年的古代水利工程遗产槎滩陂，是中华民族历史文化的瑰宝，其所在区域自然环境优美。保护好槎滩陂及其周边的生态环境，对传承优秀中华文化遗产、建设秀美中国、提高人民的生活质量等都具有重大意义。进行槎滩陂水利文化旅游开发时，要以"两山"理论为指导，坚持"保护优先"的原则。槎滩陂作为水利工程，其基本功能是疏江导流、灌溉田地，在开发利用的过程中应当将保护和改善结合起来，坚决杜绝一切对历史文化遗产和生态环境可能造成污染、破坏的行为。坚持可持续发展理念，不仅要为当代人，还要为后代人保护好这一重要的历史文化遗产。在槎滩陂水利工程开发利用过程中，必须要建立健全环境影响评价体系。

开展槎滩陂水利工程专项保护立法，提高公众保护意识。从现有情况来看，保护槎滩陂水利工程的法律主要有《文物保护法》《水法》和《环境保护法》等，还有我国已经加入的《保护世界文化和自然遗产公约》。这些法律规定的原则和制度对保护槎滩陂水利工程发挥了重要作用。但是，这些法律的规定都较为原则，其保护措施都是从总体上提出的要求。基于保护槎滩陂水利工程的重要历史价值和现实意义，吉安市人大可以根据《立法法》关于设区市地方立法的权限和槎滩陂水利工程保护的具体情况，开展保护槎滩陂水利工程的专项地方立法，如可以制定《槎滩陂古代水利工程保护条例》，对保护槎滩陂水利工程的措施作出具体规定。此外，地方政府有关部门应当加强法制宣传教育，强化公民的保护历史文化遗产的法律意识与环保意识，鼓励当地村民监督和举报违法乱纪行为，加大执法力度，以切实有效地保护好槎

陂这一具有重要历史文化价值的古代水利工程。

以延续槎滩陂水利工程主要功能为保护工作的基本前提和首要目标持续发挥灌溉功能和效益是其能够发展至今的重要原因，也是槎滩陂精髓的体现。槎滩陂自建造至今已历经千年，为了延续其灌溉功能于解放前和解放后都进行过多次的维修加固，以不断完善其主体工程，其目的就是为保障灌溉功能的延续。只有保障槎滩陂继续发挥水利工程的灌溉功能，才能延续这个水利工程遗产的生命。对槎滩陂工程主体的保护措施具体提出以下几个建议：将槎滩陂主体工程及其附属设施与周边自然环境作为一个整体，实施整体保护，尤其是加大水污染和生活垃圾的整治工作，通过环境整治、生态修复等，实现一体化保护；在坝址两端设置仿古石墩，禁止人、畜、车辆在坝址上面通行，在河道下游新建桥梁，解决两岸通行问题；对坝址的维修加固，应报请国家文物管理部门批准，聘请由文保保护设计和施工资质的单位专项设计施工，防止建设性破坏，保护范围内的一切新建、改建、扩建行为应征求文保部门意见；对坝址周边不协调的环境风貌进行整治，如对现代建筑和广告牌进行改造处理，对新农村建设的水泥硬化地面，进行植绿处理，对生活垃圾进行集中处理等。

（三）加大旅游开发，形成良性循环

积极探索对槎滩陂的历史文化价值的开发，适度进行水利文化旅游开发。例如对于灌溉文化的发掘和整理。槎滩陂流域灌溉历史悠久，独具特色，都是但受关注和重视较晚，社会对其价值和特性的认识依然不足。例如各种水车、水枧等都是槎滩陂灌区很有特色的灌溉文化元素，应当发挥其旅游作用，政府部门应支持和鼓励更多的社会力量开展槎滩陂水利文化研究。槎滩陂始建人周矩的故事，槎滩陂的历史、古村落、村风民俗等均体现了中华民族的优秀品质和优秀传统文化的元素，对当代和后代人具有极其重要的教育意义。可以将历史文化元素和旅游项目紧密结合在一起，借助旅游项目为载体，凸显槎滩陂蕴含的历史文化价值，吸引更多文人墨客，进一步推动槎滩陂"走出去"，提升槎滩陂旅游景点知名度。

加大招商力度，促进槎滩陂开发利用的产业升级。槎滩陂水利工程的开发利用，可以从文化旅游、生态旅游、乡村旅游等服务业领域上开展招商引资。在不破坏生态环境的情况下，进行文化、生态旅游项目建设，利用闲置废弃的老旧厂房进行升级改造，打造独具特色的槎滩陂休闲园区，制造与当地特色相关的多样化产品，延长槎滩陂旅游产业链，促进产业升级。增加槎滩陂水利文化与景色风貌宣传力度，吸引外来游客前来旅游，为当地产业转型升级、实现繁荣发展提供有力支撑。

将水利风景区大致划分为7个功能区：森林寻幽区、田野景观区、乡村体验区、果园采摘区、湿地景观区、工程观光区及水文化科普区。①森林寻幽区。在保护好现有树林的基础上，加植其他树种，如樟树、银杏、红枫、雪松、龙柏、桂花等，使之色彩丰富，内部加设园路、景观小品等，同时可提供露营、实践拓展训练等。②田野景观区。结合当地农业发展现状发展优质稻、建设油菜花观光带以及西瓜、有机蔬菜采摘区，形成在不同季节均有采摘和观赏的农业景观长廊。③乡村体验区和果园采摘区。游客可体验农事活动，观看农具，吃农家食、住农家屋，体验采摘的乐趣。打造能观原乡沟峪风貌、品原味农家美食、听郊野鸡鸣鸟叫、闻花开果熟幽芳、触耕之乐业民俗的乡村体验区。④湿

地景观区。结合现有连片水塘布置景观小道和景观亭，塘内种植荷花，营造惬意怡人的观光环境。⑤工程观光区。江心洲加固，种植桃树林，打造桃花岛；结合现有古坝和水渠，打造融水利建筑和水文化为一体的工程观光区。⑥水文化科普区。打造水文化展示馆，从"水历史""水文化""水治理""水利用"等方面，全面展示人与水生生相息的关系，全方位、多角度表现水文化，认识水的哲理，体会水的重要，重视水的保护。可作为游客和学生的科普基地。采用实物、多媒体等方式让参观者充分了解槎滩陂的历史，通过大量治水人物画像、治水场景的再现，有关水的文献图书、历史照片等来展现槎滩陂的悠久历史，了解古代水利工程的发展进程，纪念治水有功的先人，弘扬先贤"天人合一""人水和谐"的生态文明理念，学习前人的科学管理思想。

规划建设：①启动世界灌溉遗产槎滩陂水坝的维修保护、河床治理工程；②打造集文化体验、旅游观光、休闲、餐饮为一体的水利风景度假区，鼓励发展乡村民宿建设；③建设以槎滩陂为主线的环机场旅游圈公路 30 千米，景观桥 1 座，游船停靠码头 2 座以及漂流配套设施；④建设游客中心 1 处，旅游厕所 5 座，生态停车场 5000 平方米，游步道 10000 米，以及景区的供水供电、垃圾污水处理、消防安全救援等基础设施建设。

另外，一些研究人员还提出，应当加强遗产科学研究，并应用于遗产保护，它是保存、保护和利用遗产的一项重要基础性工作。依托省内高校优质人力资源，成立槎滩陂水利工程遗产研究中心，重点开展槎滩陂水利工程遗产理论体系、遗产保护与利用管理机制、遗产文物与文化价值、遗产保护技术及应用等方面的研究，打造一个专职研究槎滩陂乃至我国水利工程遗产的科研平台，推进水利工程遗产研究工作与保护创新。

　　当然对于槎滩陂文物、文化遗产保护工作正处于探索的过程，需要解决的问题还很多，如设施建设、资金投入、人员培训等，时至今日，还远未达到成熟、完善的地步，一些实际问题还有待于实践的积累、理论的发展和科技的进步。工作任重而道远。应当以槎滩陂入选世界灌溉工程遗产为契机，成立专门的保护和开发机构，充分发挥槎滩陂古代水利工程的历史文化价值，利用好槎滩陂周边优良的生态环境条件，通过科学规划，加大宣传推广力度，将槎滩陂打造成国家水利风景区。

附录 历史文献辑录

附录一 碑文 墓志 族谱

槎滩、碉石二陂山田记①

里之有槎滩、碉石二陂，自余周之先御史矩公创始也。公本金陵人，避唐末之乱，因子婿杨大中竦守庐陵，卜居泰和之万岁乡。然里地高燥，力田之人，岁罔有秋，公为创楚，于是据早禾江之上流，以木桩、竹筱压为大陂，横遏江水，开洪旁注，故名槎滩。

陂下仅七里许，又伐石，筑减水小陂，渚蓄水道，俾无泛溢，穴其水而时出之，故名碉石。乃税陂近之地，决渠导流，析为三十六支，灌溉高行、万岁两乡九都稻田六（数）百顷亩，流逮三派江口，汇而入江。自近徂远，其源不竭，昔凡硗确之区，至是皆沃壤矣。

既而虑桩筱之不继也，则买参口之桩山，暨洪冈寨下之筱山，岁收桩木三百七十株、茶叶七十斤、竹筱二百四十余担，所以资修陂之费，而不伤人之财。二世祖仆射羡公，以先公之为犹未备也，又增买永新县刘简公早田三十六亩，陆地五亩，鱼塘三口，佃人七户，岁收子粒，赡以给修陂之食，而不劳人之饷。

先是，山田之人，皆吾宗收掌支给，由唐迄今，靡有懈弛。

① 碑刻现立存于泰和县螺溪镇爵誉村周氏宗祠久大堂内前厅。

至天禧间，祖德重兴，一时昆弟皆滥列官爵，不遑家食。前之山、地、田、塘，悉以嘱有地诸子姓理之，供赋赡陂，岁有常数，凶岁不至于不足，乐岁之羡余则以偿事事者之劳，斯固谨始虑终图惟永久云。

虽然传有之曰："善思可继，凡以励后世也。"先公之善，不特一乡而已。为子孙者，当上念祖宗之勤，而不起忿争之衅。均受陂水之利，而不得专利于一家。宁待食德之报，而不必食田之获。惟知视其成毁而不得经其出入，苟或侵圮不治者，亟修葺治之；侵渔不轨者，疾攻击之。如此则孝思不匮，先公之惠流无穷矣。余叨承余泽，未增式廓，切抱痛恨，谨记其事并刻画田图于石，庶几逭不孝之罪，抑以慰先公于地下。

碑树于三派僧院，俾僧人世守焉。

噫！住常者，尚冀不没人之善也。

皇祐四年冬十月之吉，太常博士前知英州事嗣孙中和拜撰并书

柏兴路同知英叔李公墓志铭

元从仕郎、辽阳等处儒学副提举、庐陵刘岳申　撰

予闻西昌李英叔，其乡槎滩、碉石二陂，每岁屡筑，筑已辄坏，殆不可筑。英叔以钱二万缗募千夫，凿石堤水，陂成，灌螺溪良田三十万，乡人称之曰"李公陂"。又闻每岁俭月，英叔发廪数千先籴，市谷一石，而因其直为损十一，其妻助之，又益家量十一，籴者石得谷百二十升以为常，今五十年矣。

嗟夫，以若所闻，英叔又何恶斁于天与人哉？英叔以至元丙子八月三日卒，得年七十有八。其乡人求余铭者，皆称英叔茕孤，

母周年垂九十而终。

孝慕不衰，教子孙循循谨饬，善遇族姻乡邻宾友。凶年，劝分常过万石。得官承事郎、

同知柏兴路事，当上，以母老辞行。好施与，如桥庵航渡、观坛塔寺，皆不靳。

英叔美须髯，长拂地，黑白分敷可数，见者伟视。所居佳花美木、法书名画、异时宝玩，

往往归之，远近名园不能致也。别治台池亭馆，奉过使客大人，至为促席。移日，家付子皆

春，皆春又能远怨其家乡，使其亲享优游之福者二十年。

予感昔人积善累功几世几年，仅仅不过中人数十家之产，终身曾无一日之乐。英叔起家至巨万，比封君，倾其乡里，子孙宾客日奉觞上寿，歌呼、鼓吹、弹击为欢娱，以寿考终，虽乘时，亦盛福，岂非天哉！英叔，讳一蜚，世家泰和南岗，娶胡氏。子男一：皆春。孙男一：如春，为翼义府万户、南安路推官。以至元丁丑九月三日葬其乡吴墓塘。予又闻英叔尝为书生尽还其乡舟人所颠越于货者，书生感泣，请以为谢，英叔大笑："书生奈何教人受御耶？"

铭曰：富国有经，小者丰家；生财有道，大者无涯；王侯将相，何如素封。

为大夫种，熟与朱公。贪夫黩货，宁非巧官，墨以败官，始惭负贩。

史传货殖，皆寿考终；历选其人，亦垂无穷；呜呼英叔，身致千金。

倾其乡里，岂怨是任；没而可思，不系其富；没而不传，孰

铭其墓。

斯人斯志，尚克永世！

该碑刊刻于明成化三年（1467）五月，现藏于江西省泰和县螺溪镇普田村李氏宗祠仙李堂。为长方形青石质，长177厘米、宽84厘米、厚3厘米。共计622字。另外在墓志铭下有8篇题跋，其内容与修建槎滩陂关系不大，故此不予收录。

五彩文约（五姓文约）

吉安路太和州五十二、三都陂长周云从、李如春、李如山、萧草庭、蒋逸山，今立约为周云从祖周羡大夫致仕还乡，见知高行、信实两乡九都田三十余万，高阜无水灌溉。将钱买到永新县六十六都刘简公旱田三拾陆亩五分、陆地五亩、房屋一拾七间、火佃七户、鱼塘四口，与茶滩（即槎滩陂）永作赡陂田产。于天禧年间，有乡人罗存伏兄弟不合将其蒙强横占，收租利，妄招己业。又将田五亩、鱼塘一口，盗卖与蒋逸山为业。周云从思知祖买田赡陂，有物不能继承，具状告。蒙本州知州处批，差兵廖思齐行拘罗存伏兄弟到官，连日对理招实，明白收监。今情愿请托亲眷蒋逸山、胡济川，一一吐退。原田地、佃客，还与周云从等为业收租，买木作桩，结拱用度。递年请夫用工，修筑不缺，到今四百余年，不曾缺水，一向灌溉到于碉石陂，陂系李如春责令干甲萧贵卿用钱修（筑），直至文陂，桐陂、拿陂、白马陂，其助陂系是萧草庭用钱买石修砌，直至三派横塘口出，原周大夫有刻石碑记，系是三派院僧谢悟轩收执。

自今立约之后，各人当遵，但有天年干旱，陂长人等以锣为号，聚集受水，人各备稻草一把，到于陂上塞拱，如石倾颓，务要齐

心并力扛整，以为永远长久之计。日夜巡视，不可遗（贻）误，庶使水源流通，万民便益。其租利，递年眼同公收，无自入己。如有欺心隐瞒，执约告官论罪无词。今恐无凭，故立五采（彩）描金文约仁、义、礼、智、信五张，各执一纸，永远为照用者。

至正元年辛巳五月二十五日

立约陂长：周云从，义字号，李如春、李如山、蒋逸山、萧草庭。

登约人：胡济川、罗伏可，僧人谢悟轩。

轮流陂长收租：至正三年萧草庭兄弟、至正四年李如春、至正五年李如山、至正六年周云从、至正七年蒋逸山。

（《泰和南冈周氏漆田学士派三次续修谱》第十册《杂录》，1996 年铅印本，第 352 页）

吐退文约（吐纳文约）

吉安府泰和州六十四都住人罗存伏同弟存实，今为原先五十二都爵誉南唐御史周矩，见高行、信实两乡九都，粮田三十六万余亩高阜无水，捐资创立槎滩、石二陂，引水分陂灌溉前田。矩男十五、仆射周致仕还乡，继承父志，捐俸买永新县刘简公壮田三十六亩五分、陆地五亩、房屋一十七间、伙佃七户、鱼塘四口，皆为前修整之资，到今三、四百年，灌溉不缺。

近来存伏兄弟不合恃近横占前业，于内妄将早田五亩、鱼塘一口卖与蒋逸山。随有大夫孙周云从，纠族经理，具状赴告，泰和州差兵廖思齐等勾得存伏兄弟到官，对理明白，供招实情，愿央请亲邻蒋逸山、胡济川等，折中一一吐退所占田塘陆地，归还周大夫子孙掌管膳陂。其石陂下直至文陂，系云从纠同李如春修筑。其下桐陂、拿陂、白马陂以至助陂，系云从纠同萧草庭修筑，直至三派口出。

自今当立约吐退之后，从便周大夫子孙永远掌管，改召佃人承耕，以为万民方便，存伏兄弟及在场中证人等皆不敢如前互占。今人用信，故立合同文约三纸为照。

至正元年月日。

立吐退约佃人：罗存伏同弟存实；

中证人：蒋逸山、胡济川、李如春、萧草庭；三派院僧：谢悟轩；

代书人：罗伏可。

改召人胡茂一耕田十六亩，住屋五间，鱼塘一口；邓伯六耕田七亩，住屋四间，鱼塘一口；胡五二耕田九亩，住屋五间，鱼塘一口；萧复二耕田四亩，住屋三间，鱼塘一口。

（《泰和南冈周氏爵誉仆射派阳冈房谱文翰卷六（记）》，1933 年吉安民生印刷所印本，第 5 页）

族谱中有关周矩记载

矩公（895—976），后唐天成二年（927）进士，天成年末徙居吉州泰邑万岁乡（即信实乡），即今螺溪南冈。矩公体察民情，从公元九三七年至九四三年创筑槎滩陂、碉石陂水利工程，造福万代。

（《泰和南冈周氏漆田学士派三次续修谱》，1996 年铅印本，第 32 页）

周矩，字必至，号云峰，仕南唐任金陵监察御史，避马氏乱，因子婿杨大中辣为吉州刺史，由金陵避难，徙居西昌万岁乡，见土田高燥，乃于高行乡创立槎滩、碉石二陂，买地决渠，析为三十六支，灌溉两乡九都田亩，故其地至今称为唐伏陇。又置参口、桩山，自梅花陂至香炉山九仚一十八面，并置六十四都洪冈寨下城陂筱山一所，岁收桩木、竹筱、春茶资修陂费。嘉靖间，邻豪混占参口坟山，孙方旦偕侄受等告复于邑侯金讳渐，具有成案。公生后唐昭宗乾宁二季乙卯二月初四，终宋太宗太平兴国元季九月初九，配溧阳朱氏，合葬本里今张承德屋傍，壬向，世久为邻家居蔽。前朝万历间，孙应鳌偕族众理明，拆开前障，坟后左右手茔墙百余，寻竖立望石，建行祠于南冈市，坤向，岁举忌祭，行详本传。

（《泰和吉州周氏全谱》，乾隆二十二年印本）

始祖御史公传

公讳矩，登南唐天成己丑进士，累官西台御史，刚介提躬，信义孚民，纠劾不避权贵，谳狱必存宽恤，因唐末乱先几避难，随子婿杨大中竦刺史吉州，遂徙居西昌万岁乡，值岁祲，富家多闭粜，独以轻息贷人，贫者竟不索价。睹土田高燥，乃于高行乡上流处创立楼滩、磈石二陂，逐地决渠，析为三十六支，灌溉两乡九都，岁逢旱不为殃，乡人至今德之，置桩、筱山二大所，岁资修陂费，尤称永赖焉。详大司马郭公《西昌大记》，旧郡邑志陂绩叙入《仆射公传》内，故略其行实，今郭公特立传，载大记中矣哉。

（《泰和南冈周氏爵誉仆射派阳冈房谱》，1933年吉安民生印刷所印本）

周羡传

周羡，字子华，号玉池，举贤良方正，仕银青光禄大夫，赠右仆射。念先御史公创陂之艰，增买永新县刘简公庄田三十六亩、陆地五亩、鱼塘四口、火佃七户，坐本县六十四都沙樏树下，岁收子粒备修陂费。元至正间及国朝正德以后，节被邻豪相援侵占，屡经告复，具有成案，断租供祭，建长兴寺于本里，居僧供祀，施忌田一十七亩，坐五十三都列田，五世孙中和立仆射祠于寺左，割田以供祀事。生后梁均王贞明四季戊寅五月十五，终宋太宗淳化元季庚寅七月十三。配李氏、辛塘尹氏，并封夫人，合葬企岭盘古庙后，鹅形丙向，行详本传。

（《泰和吉州周氏全谱》，乾隆二十二年印本）

二世祖仆射公传

公讳羡，号子华，御史公次子。初生时，御史公先夕梦帝赐青钱一方，金印一颗，赤光异香满室，次早遂生。公方五岁能题诗，聪颖过人，总角有巨志。弱冠以贤良方正举，历官二十余年，典金马石渠，累赐奇珍，恩遇甚渥。常奉敕清查诰命文卷、督理城池兵马。时群盗充斥，主帅欲滥杀胁从以为功。公立辨其枉，所全活甚众，特进银青光禄大夫。未几，引疾归，每念御史公创陂之艰，捐俸置田租，增每年修筑费，建长兴寺于本里，施田住持，岁供先祀，卒赠仆射，至今称为仆射公云，详《西昌大记志》旧郡邑志有传。

（《泰和南冈周氏爵誉仆射派阳冈房谱》，1933年吉安民生印刷所印本）

中复公传

公讳中和，因宋仁宗至和元年受敕，避年号讳，御笔亲易名中复。登宋仁宗天圣二年进士。英姿雅度，介节通材。由太常博

223

士出知英州，五方杂凑案牍，旁午能敏应而慎出之。至断大事，虽豪贵不避。它州邑有疑狱久不决者，辄移檄英州，审鞫人人折服。宋仁宗特敕"遣恤刑狱，囹圉澄清"。后擢屯田员外郎。予告家居，坐卧一小楼，手不释卷。日课子弟讲读，郡邑大夫造庐以请，卒谢接见。尝思力缵先公创陂施田之绪，自撰文竖碑三派院，又创仆射公祠于长兴寺左，置田塘供岁时祭典。其出而福国泽民，处而奉先迪后。类若此，以故曾南丰先生有荣归赠序，刘槎翁先生有《贻王子启客早禾市诗》云："五里曾闻三大夫，来游今见盛文儒。"盖指公也。当时昆季叔侄并列朝班，仁宗侈称之，特赐里名"爵誉"，坊旌"儒学"。乡邑绅士过其庐必式。黄山谷赠以诗云："公仕归来特恩里，儿童灯下读书斋，西昌惟有周中复，盖世功名百世昌。"旧郡邑志，述其知英州有善政，朝廷推恩赠父仲昭如其官。倡修宗谱，见曾公亮序。

（《泰和南冈周氏爵誉仆射派阳冈房谱》，1933年吉安民生印刷所印本）

五彩文约·跋

余受说于先君，谓螺溪之田三十万余亩，灌用茶滩陂之流。陂为先所筑，吾里爵誉周大夫羡致仕居乡，谋其修浚之有常需，乃捐己田产若干，载在乡约，赡其所费。大夫后，茶滩与碣石二陂坏，坏而复筑，筑而辄坏，坏不可筑矣。螺溪之田，昔为膏沃，而时遇雨泽愆期，或青苗而不及秀，或垂黄而不及实。螺溪人甚病之，有田之家方谋鬻于吾大父菊隐君。预迎其或讶，乃众启曰：相公喜施舍，掷券利及贫乏，犹为阴德，若披淄冠黄之徒，尚滥给食，老佛之像，概崇宫宇。今受干壤而捐余以通有无。

不犹贤于彼与！菊隐悯其言，纳价而受之。连年田租无入，而输钱以为官税者无贷。佃田耕者岁无，攸赖乡之农圃。又复咨曰：田以茶滩、碙石二陂分流灌溉而可耕可获。今二陂坏，相公能捐财筑复以导水利，岁常收租纳税，非惟相公无累，而佃田耕者，亦得分利，以为俯仰事蓄之资，不犹愈于自甘出钱以输，未收租之田之税乎？

菊隐是其言，乃以钱二万余吊，募夫千余众，相土宜上中下，纳拱口广狭高低，固筑之石。以李公名识别于旧于所筑也。

筑成至先君时，赡陂之业，周之子孙渐不能保，为乡细罗存伏所侵没。乡人慨陂无赡，乃谋及于余，余理讯周之子孙云从，倡乡义士若予若李如山、萧草庭、蒋逸山讼罗存伏兄弟于官，乃得还其既迷之业。大率以五分合钱并力费赎其业。业既还为乡誓约，记以仁、义、礼、智、信五常字号，各执其一为据守焉！由是轮收其赡租，岁常修浚，堤防固而水泽不竭矣！此庶后知其始末云。

至正元年辛巳之岁秋九月之吉

南安路推官　李如春　书

（吴楚合纂《南冈李氏族谱》，2006 丙戌续修第一册，第221—222 页）

元南安路推官南冈李公陂约叙后

天生四民，士农为首称。故古今君师之莅天下，教养为先。在位臣工佐理惟是者，亦鲜闻也。况解组之士乎？泰和南冈元柏兴路同知李英叔，与其令孙南安路推官李如春方逸林下。修什陂后复赡田，使螺溪粮田三十万余亩常稔而有获，力于农者不事称贷而俯仰无累，合前李以中甫元至正间割田赡学而观之，则李氏之所为有俾于君师之教养，在位臣工所愧而未逮者也。李之先经兵燹之余，文字为家集藏者，拾遗于他姓之家，有叙说其英叔筑陂灌田，得不荒弃，与如春倡义士理复赡陂之业，而陂之修浚得不告匮，所作乃如春手泽也。冬官员外郎咸章徵予以言识之，予嘉李氏之善士多而善行大，宜其望于太和后之称李氏者，其有稽于是而昌大李氏之族者，远宗其所大，莫过于是也。

赐进士及第　南京国子监祭酒　翰林侍读学士兼修国史　蜀人　周洪谟　识

（吴楚合纂《南冈李氏族谱》，2006丙戌续修第一册，第222页）

《陂约叙后·王麟》

南岗李氏，今为南京工部员外郎咸章之季父介圭，悼其家籍多散逸于元季兵燹之后，幸得其叙于庐陵刘氏家，乃厥祖南安路推官如春所书。于柏兴路同知英叔筑乡陂，与己复赡田，其颠末纪载甚详。咸章持介圭所寓征言与之行远。

余观之螺溪之田三十余万亩，柏兴公与乡人共有之也。独恻其水利之未兴，能因宋之故迹倾圮不修，捐资以筑之。而堤防甚固，螺溪之陂茶滩、碙石，南安公与乡人共赖之也。独慨其赡陂之失业，能因宋大夫之所舍，置子孙不保，仗义以复之。而营缮有需，祖作孙述，其为善益至矣。

近目其族之众仕者佐司、邑贰、部守、郡牧、校文赞武与其欲仕者，在国学、郡胶、邑庠明六经以备器用不少数十人，而守处州若信圭之系民思，居水部若咸章之有宦声，犹其显者获作善之报，亦匪浅浅矣。呜呼！为善而获报者天也。无所为者而为善者，人之天也。李氏能人之天，而获在天之天，吾有望其显于后者，将不止处州之守，水部之郎止焉。已也书以归而藏之，以备劝李氏之为善于后，若柏兴、南安之为者以俟夫天。

钦奉敕书提督四川等处学校

山东按察使佥事

吴兴　王麟　谨识

（吴楚合纂《南冈李氏族谱》，2006丙戌续修第一册，第222—223页）

陂约叙后·杨时秀

君子之泽，五世而斩，然泽有不出于其身，世世无可斩者。收惠人之报，虽溢于千百世而不竭矣。

泰和南冈元柏兴路同知李英叔与其孙南安路推官如春，祖孙相望以泽世世。彼螺溪之田连阡陌，群布上、中、下者三十万亩有奇。其田之有获赖有陂以为之灌也，陂之有筑赖有田以为之赡也。英叔之筑坏陂、如春之复侵田，则螺溪之田，昔龟革之拆，火烁之焦，而后之若膏沃涊漱数十里者，世世无改矣！昔枯茎之蔽村，缕茑之梗道，而后之摇青苒苒，垂黄离离数万亩者，世世无改矣！

是故予目其盛若李氏，判常州之有桓圭，守处州之有信圭，教沙县之有宪章，佐水部之有咸章，为国学生，为郡邑子弟彦，咸以《易》《诗》《书》《礼》《春秋》之经充部、司、府、州、邑之任，各足其人，世泽相传，故物相授。

螺溪之陂水流不息，螺溪之田物生不穷。收惠人之报而泽不自五世而斩者，余尤莫知其所纪极也。咸章重祖手泽，持如春所叙田之灌溉有陂，陂之堤防有膳，而损钱募工，仗义归侵，则在英叔与如春也。

斯文也予识之咸章，受之后咸章之出为李氏裔者，其世保之！

承德郎工部主事　余姚　杨荣时秀　书

（吴楚合纂《南冈李氏族谱》，2006 丙戌续修第一册，第 223 页）

陂约叙后·罗崇岳

螺溪粮田三十万亩有奇，灌以里之茶滩、碉石二陂。西昌南冈元南安路推官李如春，叙其灌田之陂坏而复筑，膳陂之田失而复得，其颠末悉备。

南安公曾孙为水部员外郎咸章，受季父承事郎介圭所寓，出示于予。俾予得言予后，覆阅之，其叙柏兴路同知英叔所买稿壤之田，通有无以济人，而不以为无利，惠众于当时者慈也；贷纳无租之税，输有余以足国，而不以为病己，奉上于当朝者忠也；捐万缗之钱，募千夫以筑陂，而不以自为自损，遗泽于后世者仁也。

南安公慨筑陂而无赡，倡乡之善士合钱而复其业，非率人以义乎，伯仲协谋会计所费，倍出钱以配大方家之善，士非服人以公乎？克赞先绪，使柏兴公所筑之陂有常赡，世为人德济，非承先以孝乎？夫一事而祖孙之众善备焉。予职屯田同咸章，有邦事之责者，使当其时而得其人，分宜闻于以上旌礼之。特励臣民又何靳于其善言之后耶？景仰之余叹赏斯人与事而三致意焉！

成化己丑

赐进士出身奉直大夫屯田员外郎　庐陵　罗崇岳　书

（吴楚合纂《南冈李氏族谱》，2006 丙戌续修第一册，第 224 页）

陂约叙后·刘孜

文以纪事，而得人以相传，南冈李如春仕元南安路推官，叙其令祖柏兴路同知英叔筑仆陂以灌乡田，与其已复迷业以膳乡陂者文也。今曾孙为工部员外郎咸章，乃处州太守信圭子，通判桓圭之令侄，持是文属予识同垂不朽者人也，书此为李氏之裔皆以有人自待使止于文焉。已也则残编脱简，岂能自出于元季兵燹灰烬散失之余？自存于元至正迄于今日，百廿余年，世远人亡之后者乎？虽然事自有不可没之善，故文自有不可泯之传者，又天也曷？亦知李氏之天也邪。

资善大夫南京刑部尚书　　万安　刘孜　书

（吴楚合纂《南冈李氏族谱》，2006丙戌续修第一册，第224页）

陂约叙后·萧维祯

王道无大小，其行有通塞，而广狭因之矣。尝谓万石君之治家，一家之唐虞三代也。工部员外郎李咸章，已持其元进士戴迈所撰，以中甫割田赡学记，属予识之矣！于今复示其曾大父南安路推官如春，叙四世祖柏兴路同知英叔，捐钱二万，募夫千余众，筑其里螺溪之陂茶滩、碉石，溉彼粮田三十万余亩。如春率乡义士，合钱赎复其所侵宋大夫之所捨入陂膳田，载其事后先相承，欲予并识之，同垂不朽。予景像其时，泰和之州士得养於廪粟不继之际，螺溪之乡农有获于水流通之后，优于学者披诸弦声歌韵，力于本者形诸含哺鼓腹，嘻嘻然宛在唐虞三代时也。则以中甫、柏兴、南安二公其道行于一邑一乡，其一乡之唐虞三代乎！视万石君之家，其广狭何如哉？因文而见其事，据事而褒其善，使一邑一乡之知所永慕也欤！

资善大夫南京兵尚书

参赞机务前都察院左都御史

庐陵　萧维祯　书

（吴楚合纂《南冈李氏族谱》，2006丙戌续修第一册，第224页）

陂约叙后·萧器用

利以人而不以己，亡其利之自己。出以与人者，公之公也。

螺溪有田三十万余亩，其尽同知柏兴路公英叔，与其孙南安路推宫如春所有者乎！而灌田之陂若茶滩、碙石之坏，英叔公而募筑之，费钱二万余缗，其孙如春慨赡陂之田，宋周大夫羡之所捨入，而竟侵于乡细罗存伏之豪强，遂首大义，率周大夫之裔云从、蒋氏之逸山与萧氏之草庭，偕厥弟如山，纠财而讼复之，使陂有固，堤筑有常需，田有常获矣。其利之溥自二公，而二公忘之焉！二公之后，南京工部员外郎咸章，以其祖如春公所掇之事实，而俾言于后，故谨书之，以诏螺溪之乡，善士之后而知二公之利与以人云。

成化己丑夏月朔

赐进士南京湖广道监察御史　里姻　萧器用　拜书

（吴楚合纂《南冈李氏族谱》，2006丙戌续修第一册，第224-225页）

蒋氏修通陂记

治水之利，匪衡石可计。源于成周遂人、匠人、稻人之职，派于春秋，起芍陂，穿腴口。引潼道泾，流于汉、唐、宋，凿江引汾，穿龙首、六辅，筑雷陂、芍塘，白渠碾磨，通泰海堤，稻粱禾黍之谣作矣，群公著名，竹帛不其盛欤？

我国家承平百二十余年，九河既通，海不扬波，内而司空，外而司牧，高拱当位，一沟一淢，曲防者田，畯力能治之。

泰和西鄙，溉田有槎滩陂，耕凿期间者凡几著姓，槎滩之下有余家陂，世族严庄蒋氏之先世逸山提举独捐私田二亩，赡力修筑，决渠引流，灌溉都鄙。厥后逸山以下之三世孙子文、子修、吾敬、吾贯、吾望，续捐己资，买田四亩。赡筑供费，倍于昔日。历世享有富贵。乃者兼并之徒，壅害可恶，蒋氏清明佳会。族尊时利、时万命其弟时介协诸侄孚华、孚宣、孚登、孚顺、孚久、孚惠、孚尧、孚沧、孚胙、其蹑、其珍、而宴、而槽、端贤、端继、其美，而曰：匪为于前，虽美弗彰；莫承于后，虽善弗扬。捐田赡陂者，为吾祖父，座视颓壅者，为吾子孙，可乎？孚简君读书乐劝人善，即贺而赞成之。诸彦神气振发，始事以弘治乙卯三月望后二日，集力陂石倾者补之，水道壅者开之，不刚屈，不柔抑，行所无事，旬月之间，灌溉之利，周遍乡都，厥功伟哉！

予丁艰家居，欣闻盛世，为皇仁颂曰：太平有象，恍惚在兹。蒋氏诸彦，服父兄文教，夥夥家食，尚作福吾民如此，况有一命之寄。脱不如予所称，古之群公，一竹帛垂一名耶？

昔人有言，为一善必食一善之报，蒋氏子孙食其报者，世世有孚矣。是宜纪予言，灾（灵）金石，以诏方来，凡乡邑君子，揩目者幸相与相劝，躅芳趾美，以翼我国家亿万年无疆之盛，则愚鄙之言，岂直为蒋氏诏哉。

弘治乙卯仲秋月吉日

赐进士出身　奉政大夫　南京吏部郎中　同邑　刘勋德光　书

（《蒋氏侍中联修族志》，1994 年铅印本，第 497—498 页）

重立槎滩碉石陂事实记

正统十四年岁在已巳十二月一日，吾乡爵誉里周碧奇氏驰书走币，不以数千里之远而来临淮，求予为槎滩陂事实记，中间具载本末之原，始终之由，至详至悉，予观之不觉为之一唱而三叹也。其言曰：吾周氏始家金陵，一世祖矩，仕南唐为监察御史。唐末乱，因子婿杨大中竦为吉州刺史，遂徙属邑泰和之信实里居焉，顾其田地高阜，水下荫注不及，见有六十五都槎滩小江一道，势高流行，乃相其宜，以木桩、竹筱压作小陂一座，横截江水，旁开洪以注之。又税地，浚清道流，分作三十六支，至三派江口汇出，地亘三十馀里，下流仅五七里许，曰碉石，又作减水陂一座，使无泛溢之患。其水灌溉高行、信实两乡九都，稻田六百顷亩，皆为膏腴之壤矣。岁获其收，人沾其利，惠莫大焉。又以已资买参口山地一所，自梅花陂至香炉山九仝一十八面，每年收桩木三百七十株，架洪木三株，春茶七十斤。又至（疑当作置）城陂筱山一所，坐六十四都洪冈岭下，由是不伤人之财而修陂有其费矣。

至二世讳羡，仕宋银青光禄大夫，赠右仆射致仕。以御史之所为献未备者，遂以俸禄馀资买到永新县六十四都刘简公稻田叁拾陆亩，陆地五亩，鱼塘四口，火佃七户，房屋一十七间，通前业并簿书，悉存子孙收掌。由是不劳人之饷，而修陂有其食矣。

至淳化、天圣间，吾宗贤而掌事者八人迭中科目，于是分托各都凡有业者理之。至正间，不意陂近罗存伏饕为已利，曾叔祖云从白之于县，以正其罪。

洪武二十七年，太祖高皇帝诏谕天下，修筑陂塘，钦差监生范亲临期会，鞭石修砌坚固，自此赡用减费。永乐间，叔祖均，应以能复掌其事，吉安千户所军人南仲篾欲挟为已有，兄六奇以不平诉于府，得白。宣德间，斡人胡计宗私将典与陂近蒋恢章等。时则有若钦差御史薛部临修筑，碧奇复具情诉之，蒙不没前人之善，追给子粒银货入官，原田断归本族，一废一兴，今幸全复旧矣。惟椿山千户所尚有未变易，碧奇仰思前人旧有石碑立于三派院。

元季兵燹，毁裂不存，恐后愈久，漫无所考，敢乞先生一言，勒碑立于本里长兴寺，庶几先德不泯。予非能文者，然自幼时闻祖考之说，略知大概，可无词乎。予惟大凡事有至急而不可缓者，有当兴而不可废者，此天下古今之所共，而人心之所同然者也。必豪杰之人，出于其间，则能有以光百代之事足以为万世不朽之良图。若周御史仆射作陂利人，岂非所谓事有至急而不可缓者乎！复置山田以利用，非所谓事有当兴而不可废者乎。盖由其见之也明，故其策至高也。其虑之也远，故其计至长也。二公者，真可谓豪杰也，已非豪杰也，安能为此良图于不朽哉？故曰久则徵，徵则悠远，吾于二公见之矣。然则二公之作于前者，无非积阴德于后也。继周之后者虽有贤，不肖之异，宜鉴诸前人之所为。贤者思有以尚之，不肖者思有以儆之。

山田长存，赡用益敷，则御史仆射之灵亦孔之昭，御史仆射之德垂于悠远殆无穷也。况陂塘为朝廷之首务，天下之利泽也。上而赋税之所由出，下而民命之所由寄，其事不益重乎。今碧奇能心前人之心而知重其事，可谓贤于人者远矣。予因其请，故叙次其说，俾刻诸石，使后人知有所观感而兴起者焉以嗣以续万世一日也，其山田条段，佃户花名并载诸碑阴（碑背也）。

正统十四年岁次己巳十二月一日

前进士登仕郎　主直隶临淮县簿　里人　刘诚不息　撰

（《泰和南冈周氏漆田学士派三次续修谱》第十册《杂录》，
1996 年铅印本，第 353 页）

槎滩碉石陂事实记

县治北（应为西）四十里曰高行、信实两乡，余常过属乡觉
海寺以与先祭，见里中溪流浩瀚，条达不绝，而老农吾涸辙之忧，
回视四境，称地之膏腴者莫先于此也，偕二三子且行且叹，或询
其源于村老，佥曰，此周仆射槎滩、碉石陂流也。吾侪徵此果何，
以永有秋之庆耶。其口碑相传，千古一日。嗣予从宦归，仆射之
二十世孙周君讳富者，以恢复陂业底绩，禄乃祖宋尚书郎中和公，
洎先缙绅刘公不息所为《陂田事实记》，属予以继其笔，予受而
阅之。盖出于南唐御史矩公之创始，仆射羡公则置田以赡续之也。
然世代迁革，丧乱荐至，或失于经理，而不免见侵于人者，势也。
予观周氏之陂田，始侵于罗存伏，云从复之；再侵于南仲簏，六
奇复之；三侵于蒋恢章，碧奇复之。至正德间，又往往睥睨于陂
近之豪党，周富乃能奋义率诸子弟自于巡院谳平于邑侯之庭，复
责诸胥里，偕诸乡耆丈量画图，改立周富嫡名为户，以永杜其争端，
而先业赖以不坠。

夫自宋迄今亘数百年，其间屡侵屡复，兴废凡几，而卒能世
守勿替者，何也？良以其祖宗之制作，公利于人，自足以感动乎
人心之同。然抑亦代有贤子孙如周富者，奋乎百世之下，以承其
令绪耳。不然，若兰亭金谷，识趣已陋，虽为邱墟，猷贻讥后世。
而房杜艰关创业，不一二世，荡然倾废，其子孙之不肖，君子又

有憾焉。视周氏有以作于前，有以继于后，奚啻天壤也欤！

夫御史、仆射二公，当草昧之初，目击斯民涂炭，乃汲汲于浚井筑陂，是诚以乡之饥者犹己饥之也。宜乎乡人之终不可谖，如今里巷之讴歌称颂，乡耆之仗义执言者矣。孰谓天理之在，人心能泯灭哉。噫！登箕山者想夷风，睹河洛者思禹绩，生乎里之中，而得被其遗泽，宜乎惕然思，忻然慕以仰效前哲之令修可也，尚忍复为侵渔之计耶？余侄秋仲，为周君子婿，谊既不可辞，况陂田当与范文公之义田并称，故不嫌为之记以为周氏子孙勉。

嘉靖乙酉夏月吉　赐进士第文林郎　湖广黄州府判姻家生　萧士安　撰

（《泰和南冈周氏漆田学士派三次续修谱》第十册《杂录》，1996 年铅印本，第 355 页）

螺江旌孝堂记

槎陂居禾溪之上流，凿三十六渠。分酾于信实、高行两乡，泰和水利莫大乎是，光绪戊戌，周君敬五，偕其里人胡君出私财修之，工甫竣，以旱告。乙亥、庚子两年，他处田禾多槁死，而陂之所注，独以不失水，庆丰年，予因闻而韪之。

辛丑仲春时，祀于周纪善公祠。礼毕，敬五手《事略》一篇，告曰：吾建吾父祠，幸落成，请文以记之。予受而读，乃知数十年，周氏于陂凡三修，而敬五之修是陂，则亦其父贻斋先生遗意也。先生讳汉寅，字审堂，贻斋其号，幼孤贫，有至性兄弟三人，先生独习计，然书赀稍丰而不析产，故私其财。交友以厚接人，以恕居恒温，温若不见喜愠之色。至事关一邑一乡之利弊，毅然身任无所让，先后捐重金，襄善举不可以数计。

235

祠，周氏之私祠也。因其先彰训书塾遗址，改为之屋。凡三楹，前楹以祀先生颜曰旌孝，后楹推而祀先生父若兄弟，颜曰元善；而移彰训书塾于左相云余维先生行谊之美，详于殿撰刘公（永丰县刘绎）、侍郎何公（安徽定远县何迁谦）所著两家传。侍御彭公（庐陵县彭世昌）复采舆论，以孝友请旌于朝，得谕旨：古所谓乡先生没而可祭于社者，先生殆无愧色。传曰：能御大灾，则祀之；能扦大患，则祀之。以槎陂之事观之，其有功于桑梓之乡，又如此。微周氏有私祠之建，而官斯土，与居斯乡者，固将俎豆馨香百世尸祝登斯堂者。

追维水利兴修之绩，慨然思明德之未湮，又睹于敬五克承先志，乐善不倦，一邑之中，闻风兴起，咸相勉于利人济物之为。《诗》曰：孝子不匮，永锡尔类。敬五之善继善述，益广其泽者，盖将于是乎见，岂徒饰庙貌、崇享祀，以私其亲而为孝哉！

清光绪二十七年辛丑仲夏

泰和县知县　前翰林院庶吉士　侯官　郭曾准　撰

（《泰和南冈周氏漆田学士派三次续修谱》第十册《杂录》，1996 年铅印本，第 239-240 页）

附录二　地方志中槎滩陂史料

嘉靖《吉安府志》［明］王昂重编，明嘉靖刻本，卷五《水利》

泰和县

高行乡，陂三所，羊陂、查滩陂、流陂，自罗浮洞发源，灌田四百三十八顷一十五亩，縈流出永新江而合赣水。

康熙《江西通志》（五十四卷）［清］于成龙等修，杜果等纂，康熙二十二年刻本，卷十一《水利》

吉安府

泰和县，槎滩陂。

雍正《江西通志》（一百六十二卷）［清］谢旻等修，陶成等纂，雍正十年刻本，卷十五《水利》

吉安府

泰和县，信实乡，槎滩等陂三十有一。

槎滩陂在泰和县禾溪上流，后唐天成进士周矩所筑（矩官西台监察御史），长百余丈，滩下七里许，筑碉石陂，约三十丈。又于近地凿渠为三十六支，分灌高行、信实两乡田无算。子羡（仕宋为仆射），增置山、田、鱼塘，岁收子粒以赡修陂之费，皇祐四年，嗣孙周中和撰有碑记。

乾隆《泰和县志》（四十卷附录一卷）［清］冉棠修，［清］沈澜纂，乾隆十八年刻本，卷三《舆地志·陂塘》

信实乡

信实乡槎滩等陂三十有一，路边等塘三十有三。

四十九都，槎滩陂，碉石陂。

五十一都，槎滩陂，碉石陂。

五十二都，槎滩陂，碉石陂。

高行乡

羊陂、槎滩陂、碉石陂、流陂，以上四陂属高行乡，共一水，自罗浮洞发源，共灌田四百三十八顷一十五亩，縈流出永新江（宏治志）。

六十六都，槎滩陂，碉石陂。

槎滩陂、碉石陂，在信实、高行两乡。万历志载入信实乡四十九都及五十一、二都，与高行乡六十六都。系两乡四都灌田公陂，修筑按田派费。《通志》称周矩筑陂，周羡增田、塘赡修等语，查李、唐、田三志并无，未审何据，新志混采。现据周锡爵等呈县请削，故删之。

道光《泰和县志》（四十八卷首一卷）［清］杨讱纂修，道光六年刻本，卷三《舆地·陂塘》

信实乡

信实乡槎滩等陂三十有一，路边等塘三十有三（《通志》）。

四十九都，槎滩陂，碉石陂。

五十一都，槎滩陂，碉石陂。（五十二都）槎滩陂，碉石陂。

高行乡

羊陂、槎滩陂、碉石陂、流陂，以上四陂属高行乡，共一水，自罗浮洞发源，共灌田四百三十八顷一十五亩，縈流出永新江（宏治志）。

六十六都，槎滩陂，碉石陂。

槎滩、碉石二陂，在禾溪上流，为高行信实两乡灌田公陂。修筑历系按田派费，《通志》载后唐天成二年进士，御史周矩创筑。其子羡，仕宋仆射赡修。查李、唐、田三志无载，冉志自^①辨。（奉府宪铭堂断更定）

光绪《泰和县志》（三十卷首一卷）［清］宋瑛等修，彭启瑞等纂，周之镛续纂修，光绪五年刻本，卷四《建置略·水利》

信实乡

通志，信实乡槎滩等陂三十有一，路边等塘三十有三。

四十九都，槎滩陂、碉石陂。

五十二都，槎滩陂、碉石陂。

高行乡

宏治志，羊陂、槎滩陂、碉石陂、流陂，以上四陂属高行乡共一水，自罗浮洞发源，共灌田四百三十八顷一十五亩，縈流出

---

① 此字不清，或为"有"，"已"，并有"奉府宪铭堂断更定"的说明。

永新江。

六十六都，槎滩陂、碉石陂。

槎滩、碉石二陂：在禾溪上流，为高行信实两乡灌田公陂。《通志》：后唐天成进士周矩创筑，其子羡仕宋仆射赡修。乾隆志因李、唐、田三志未载，拟删。道光三年，知县杨讱修志，生员周振兴，蒋、萧各姓迭控至京。六年春，奉部饬知，于新修志书载开槎滩、碉石二陂，后唐御史周矩创筑，子羡赡修，以示不忘创筑之功。惟周羡赡修田塘，久已无据，该陂为两乡公陂已久，后遇修筑，仍归各姓，按田派费，周姓不得籍陂争水。

判语详后。

判云：槎滩陂、碉石陂，在禾溪上流，灌高行、信实两乡田亩众。按田派费，因时修筑，按《江西通志》，二陂在禾溪上流，后唐天成进士周矩所筑，长百余丈，滩下七里许筑碉石陂约三十丈，又于近地凿三十六支，分灌高行信实两乡田无算，子羡仕宋为仆射，增置山田鱼塘，岁收子粒以赡修陂之费。皇祐四年，嗣孙周中和撰有碑记云，田产久已无考，遇有修筑，按田派费，录之以示，不忘创筑之功焉。

参考文献

［1］欧阳修.新五代史［M］.北京：中华书局，2016.

［2］乐史撰.太平寰宇记［M］.北京：中华书局，2007.

［3］马令.南唐书［M］.南京：南京出版社，2010.

［4］吉安府志［M］.嘉靖刻本.

［5］江西通志［M］.康熙二十二年刻本.

［6］江西通志［M］.雍正十年刻本.

［7］泰和县志［M］.乾隆十八年刻本.

［8］泰和县志［M］.道光六年刻本.

［9］泰和县志［M］.光绪五年刻本.

［10］西昌志［M］.乾隆十五年刻本.

［11］泰和周氏爵誉族谱［M］.1996年铅印本.

［12］泰和南冈李氏族谱［M］.2006年印刷本.

［13］泰和蒋氏侍中联修族志［M］.1994年铅印本.

［14］泰和南冈周氏漆田学士派三次续修谱［M］.1996年铅印本.

［15］中国人民政治协商会议泰和县委员会文史资料研究委员会.泰和县文史资料（第一辑）［M］.泰和县：中国人民政治协商会议泰和县委员会，1985.

［16］中国人民政治协商会议泰和县委员会文史资料研究委员会.泰和县文史资料（第二辑）［M］.泰和县：中国人民

政治协商会议泰和县委员会，1986.

［17］中国人民政治协商会议泰和县委员会文史资料研究委员会.泰和县文史资料（第三辑）［M］.泰和县：中国人民政治协商会议泰和县委员会，1988.

［18］政协泰和县委员会.泰和历代人物［M］.南昌：江西人民出版社，2016.

［19］江西省泰和县地方志编纂委员会.泰和县志［M］.北京：中共中央党校出版社，1993.

［20］江西省泰和县地方志编纂委员会.泰和县志［M］.北京：方志出版社，2012.

［21］钱杭，谢维扬.传统与转型：江西泰和县农村宗族形态（上）［M］.上海：上海社会科学出版社，1995.

［22］中国科学院南方山区综合科学考察队.江西省泰和县自然资源和农业区划［M］.北京：能源出版社，1982.

［23］廖艳彬.陂域型水利社会研究—基于江西泰和县槎滩陂水利系统的社会史考察［M］.北京：商务印书馆，2017.

［24］泰和县人民政府地名办公室.江西省泰和县地名志［M］.泰和县：泰和县人民政府地名办公室，1986.

［25］萧用桁.石上春秋：泰和古碑存［M］.南昌：江西人民出版社，2013.

［26］宗韵.家族崛起与地域社会资源的再分配——以明代永乐、宣德之际江西泰和为中心［J］.安徽史学，2009（06）：68-76.

［27］李敏婷.槎滩陂水利工程保护和开发利用研究［J］.中国市场，2020（1）：38-39.

［28］何芳.乾隆朝设常雩为"大祀"史实考述［J］.农业考古，2005（3）：102–115.

［29］李放.江西古代水利史概略［J］.江西文物，1990（4）：39–43.

［30］肖新秀.泰和县水资源可持续开发利用分析与探讨［J］.中国高新技术企业，2010（34）：84–85.

［31］阳水根.江西宗族研究综述［J］.地方文化研究，2015（1）：101–109.

［32］温小红.清代江西农田水利研究［D］.江西师范大学，2015.

［33］周兴媛.族谱中的女性［D］.上海师范大学，2012.

［34］廖艳彬.传统地方水利系统的公共属性及其管理变迁——以江西泰和县槎滩陂为中心［J］.社会科学研究，2013（6）：177–179.

［35］李芳，高信波，赵艳.泰和县爵誉村传统村落特色及传承保护研究［J］.农村经济与科技，2018，（24）：203–205.

［36］王根泉，魏佐国.江西古代农田水利刍议［J］.农业考古，1992（3）：176–182.

［37］廖艳彬.传统延承与近代转型：民国江西泰和县槎滩陂水利社会的演变［J］.学术研究，2019（11）：121–126.

［38］尹汉树.泰和县水资源调查评价［J］.江西水利科技，1985（2）：52–59.

［39］王姣，刘颖，彭圣军等.江西省在用古代水利工程概况及保护现状［J］.江西水利科技，2019（2）：142–147.

［40］肖用桁.周矩与槎滩陂［J］.南方文物，1998（2）：126.

［41］衷海燕，唐元平．陂堰、乡族与国家——以泰和县槎滩、碉石陂为中心［J］．农业考古，2005（3）：157-161.

［42］何太轩．槎滩陂千年不败的秘密［N］．人民长江报．2015-9-19（4）．

［43］刘颖，方少文，钟燮等．江西省泰和县槎滩陂水利工程的科学内涵探索［J］．江西水利科技，2016（1）：44-47.

［44］陈芳，刘颖，钟燮等．槎滩陂古代灌溉工程价值剖析及对当代的启示［J］．中国农村水利水电，2018（6）：167-173.

［45］钟燮，黄爱红．江西省泰和县槎滩陂水利工程的保护与利用研究［J］．江西水利科技，2019（4）：303-307.

［46］廖艳彬，田野．泰和县槎滩陂水利文化遗产价值及其保护开发［J］．南昌工程学院学报，2016（5）：5-10.

［47］黄细嘉，李凉．江西泰和槎滩陂水利工程遗产价值研究［J］．南方文物，2017（2）：261-265.

图书在版编目（CIP）数据

古代乡村水利的典范：槎滩陂 /
颜元亮著 . -- 武汉：长江出版社，2024.7
　（世界灌溉工程遗产研究丛书 / 谭徐明总主编 . 中国卷）
　ISBN 978-7-5492-8799-4

　Ⅰ . ①古… Ⅱ . ①颜… Ⅲ . ①水利工程－研究－泰和
县－南唐　Ⅳ . ① TV632.564

　中国国家版本馆 CIP 数据核字 (2023) 第 054277 号

古代乡村水利的典范 ： 槎滩陂
GUDAIXIANGCUNSHUILIDEDIANFAN ： CHATANBEI

颜元亮　著

出版策划： 赵冕　张琼
责任编辑： 向丽晖
装帧设计： 汪雪　彭微
出版发行： 长江出版社
地　　址： 武汉市江岸区解放大道 1863 号
邮　　编： 430010
网　　址： https://www.cjpress.cn
电　　话： 027-82926557（总编室）
　　　　　　027-82926806（市场营销部）
经　　销： 各地新华书店
印　　刷： 湖北金港彩印有限公司
规　　格： 787mm×1092mm
开　　本： 16
印　　张： 15.75
彩　　页： 4
字　　数： 186 千字
版　　次： 2024 年 7 月第 1 版
印　　次： 2024 年 7 月第 1 次
书　　号： ISBN 978-7-5492-8799-4
定　　价： 98.00 元